城市开放空间设计模式图解

——面向构架化与量化的探索

翟宇佳 著

·上海·

图书在版编目（CIP）数据

城市开放空间设计模式图解：面向构架化与量化的探索 / 翟宇佳著. -- 上海：同济大学出版社，2024. 10. -- ISBN 978-7-5765-1197-0

Ⅰ. TU984.11-64

中国国家版本馆CIP数据核字第2024RK0842号

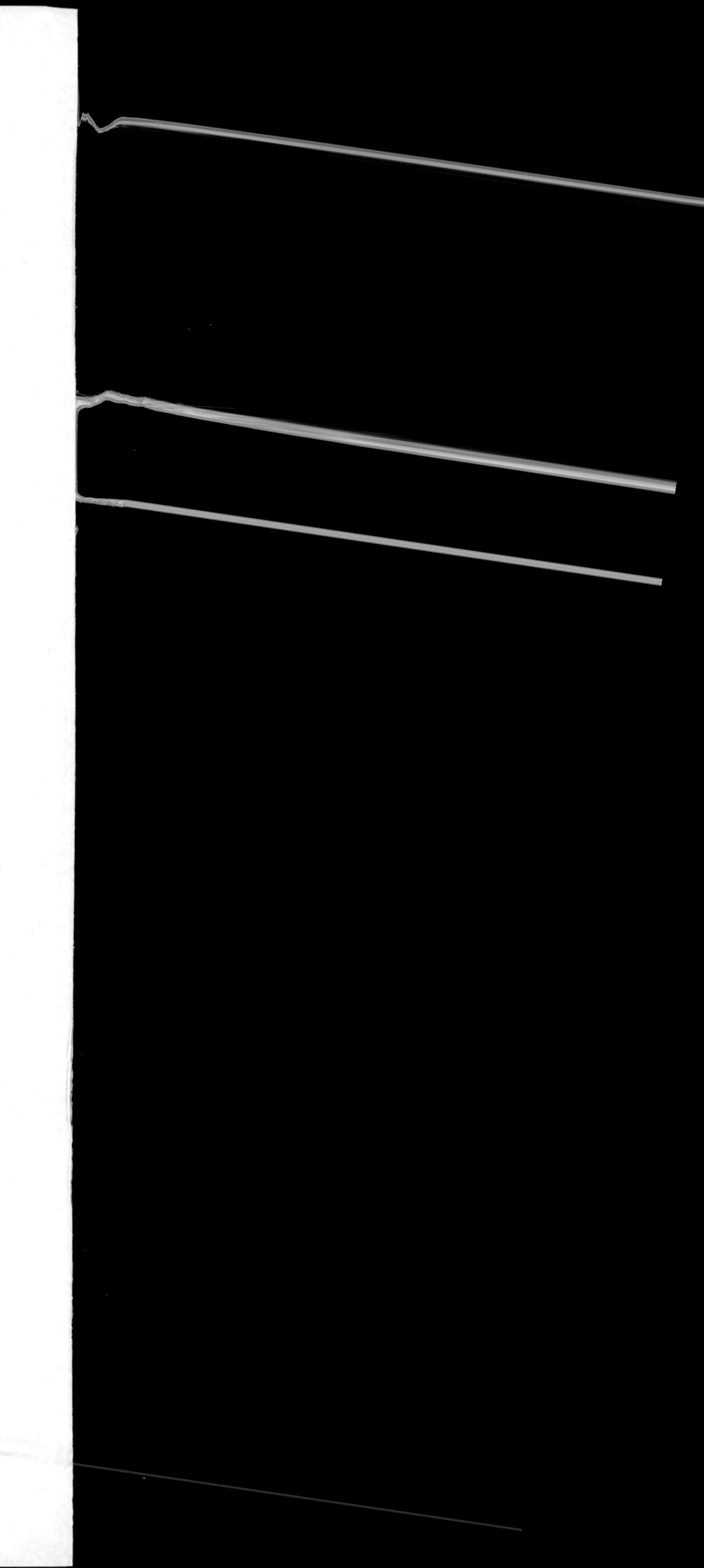

城市开放空间设计模式图解：面向构架化与量化的探索

翟宇佳　著

责任编辑　孙　彬
责任校对　徐逢乔
封面设计　翟宇佳　张　微
排　　版　南京文脉图文设计制作有限公司
出版发行　同济大学出版社 www.tongjipress.com.cn
（地址：上海市四平路 1239 号　邮编：200092　电话：021-65985622）
经　　销　全国各地新华书店
印　　刷　上海安枫印务有限公司
开　　本　710 mm × 960 mm　1 /16
印　　张　8.5
字　　数　152 000
版　　次　2024 年 10 月第 1 版
印　　次　2024 年 10 月第 1 次印刷
书　　号　ISBN 978-7-5765-1197-0
定　　价　68.00 元

我们设计的不仅是公园、广场与街道，

更是开放空间中的感知、体验、情绪、行为，

乃至五彩的生活与纷繁的相遇

此书献给我平凡而又伟大的母亲

序

城市开放空间是城市有机组成部分，与城市空间其他部分相比，最具公众性、最具活力、最方便市民使用。城市公园、绿地、广场，以及城市滨水地区等其他开放空间是城市开放空间的主要组成部分。城市开放空间是城市居民重要的活动空间，可以反映一个城市特有的景观风貌和文化内涵，还与市域绿色生态空间共同构成城市绿色生态空间，同时形成人与自然和谐共生的城市生存空间，城市绿色生态空间的系统化是实现城市高品位建设的重要途径。城市开放空间一般在城市中占有30%～40%的比重，在新兴城市中占有更高的比重，例如雄安新区规划的蓝绿空间占总用地的60%。城市开放空间已经成为现代化城市品质的重要标志、城市可持续发展的重要空间载体、人民群众日常生活不可或缺的构成要素。

随着中国特色社会主义新时代的到来，城市开放空间日渐成为城市规划设计与建设的重要研究领域，受到了来自行政管理部门、规划设计从业人员和社会居民的广泛关注。为贯彻落实党的二十大精神，完整、准确、全面贯彻新发展理念，中华人民共和国住房和城乡建设部自2023年以来就城市公园绿地开放共享等方面出台了一系列政策，要求拓展公园绿地开放共享新空间，满足人民群众的亲近自然、休闲游憩、运动健身新需求、新期待，决定全面开展城市公园绿地开放共享试点工作，并已经取得积极成效，深受社会各界广泛欢迎。

对于城市开放空间的研究，较容易从空间构成和空间规划层面入手，或者从开放空间的基本概念到案例进行研究，这些是城市开放空间规划的必要内容，也是城乡规划和风景园林规划设计技术长期形成的优势所在。翟宇佳的新作《城市开放空间设计模式图解——面向构架化与量化的探索》一书，最难能可贵的是从理论探索到模式图解分析，进行构架化和量化研究；探索了城市开放空间的尺度和设计的内在机制，提出了解析城市开放空间设计特征的初步框架，研究了场地与设施的定量导控方法；通过定量与客观阐述城市开放空间的设计特征，探索不同设计特征及其对使用者情绪行为的影响等。该书是对城市开放空间规划设计的深化研究，可以为城市开放空间规划设计理论的构建提供基础支持，为城市开放空间规划设计提供新思路。

翟宇佳作为青年学者，勤奋好学，重视理论研究与实践探索相结合，在研究中发现新问题，研究新方法，探索新路径，并结合教学实践，撰写研究著作，独自手绘图纸，认真思考问题，提出学术研究观点，这是十分有益的，值得提倡。

希望这部著作的出版，可以帮助风景园林师、城市规划师等拓展城市开放空间规划设计思路，丰富技术工作方法；促进相关院校教学发展；帮助初级规划设计工作者和相关专业的在校学生提高城市开放空间规划设计能力。

贾建中

中国风景园林学会副理事长

2024 年 9 月

前言

漫步在城市公园中，人们为什么会觉得身心放松，心情愉快？站在熙熙攘攘的城市广场上，人们为什么停留许久，不愿离去？现有研究指出，城市公园、广场等开放空间为人们提供了参与户外活动的场地，增加了社会交往机会，促进了正向情绪，有利于身心健康，因而深受人们的喜爱。城市开放空间非常重要，其合理布局对城市的健康发展意义重大。联合国人居署提出，应鼓励城市开放空间的使用，从而提升市民的自我认同感与归属感。

什么样的城市开放空间设计是成功的，能为使用者带来更多益处？我们应怎样评价城市开放空间的环境品质？作为初学者，我们应怎样着手学习？作为经验丰富的规划设计师，我们应怎样反思现有的工程实践，积累经验并总结出可引导未来实践的导则与工作方法？

这些问题是每一个规划设计从业人员所关心的，也是学科亟需回答的基本问题。环境心理学与环境行为学认为，环境的物质特征能够影响人们的认知，进而影响人们的行为。但目前，传统设计理论大多从视觉与主观审美的角度探讨城市开放空间的设计特征，例如“沉重感”“韵律感”与“围合感”等，带有一定的主观性，很难客观地、准确地描述城市开放空间的设计特征。我们很难准确回答什么样的广场或构筑物是有沉重感的，而什么样的园路是围合感强、比较私密的。这些缺失不利于在定量与客观层面理解城市开放空间的设计特征，也不利于我们探索不同设计特征对使用者情绪与行为的影响，在一定程度上限制了学科理论与实践的发展。

实证主义的科学研究方法也许可以为我们提供帮助。社会学与哲学家奥古斯特·孔德（August Comte）认为，人类文明（包括每个领域的知识）共经历了三个阶段。第一阶段是无知的神学主导阶段，第二阶段是抽象的形而上学哲学阶段，第三阶段最终到达科学的“实证主义”阶段。孔德提出，与实证主义不同，神学与形而上学并不能对实践提供指导与帮助。实证主义者认为，真理具有可分割性并且处于系统的相互联系之中。任何真理的一小部分都可以从整个系统中抽离出来进行单独研究。实证主义者将研究对象分解成各个要素及要素之间的关系，并认为分别研究这些要素与关系，可以了解整个系统的运行机制。

那么我们应怎样拆分城市开放空间的设计要素？传统类型学可能会提供帮助。类型学方法早已被应用到建筑与城市设计相关研究中，并逐渐发展为建筑类型学（architectural typology）与城市形态学（urban morphology）两个重要领域，用以描述建筑与城市的设计特征。这些理论可为城市开放空间规划设计理论的建构提供基础。

基于类型学研究方法与设计实例，本书提出了解析城市开放空间设计要素的初步框架，并简要介绍环境心理学与环境行为学的基础理论，以及这些理论在城市开放空间设计中的应用，例如自然环境偏好和注意力恢复理论等。初步框架包括形态与功能两个层面，形态层面概括了广泛应用于设计实践的八种基本形态；功能层面从景观空间的功能出发，将其分为基本景观要素、单一功能空间、复合功能空间和空间体系。通过组合不同形态与空间，能生成变化多端的城市开放空间。

为更为简明地提炼城市开放空间的设计要素，本书利用手绘的方式分析案例，力求简明与清晰地呈现设计实例的特点。所有手绘图均为作者自绘。值得一提的是，本书仅提供了解析城市开放空间设计特征的初步构架，未来学术研究还需要进一步在定量层面上提出测量不同空间设计特征的具体方法。

希望本书可以为城市开放空间设计提供思路，为学习与教学提供一定帮助。请大家提出宝贵意见，多多批评，作者将在未来教学与研究中不断改进。请关注微信公众号“游憩与景观风貌”。

翟宇佳

目录

第 1 章
城市开放空间设计特征概述

本章将介绍城市开放空间的起源与历史、设计特征的主观和客观解析维度以及设计特征的解析尺度。同时，还将讨论城市开放空间设计特征对感知与行为的影响，以及设计品质的六种评价视角。

1.1 城市开放空间的定义

在西方社会中，起源于 19 世纪的城市公园是城市开放空间的最初雏形[1]。当时，城市公园能为各个阶层提供室外游憩场所，进而帮助缓和阶层矛盾，改善城市卫生状况。第一次世界大战后，小汽车的普及加速了城市郊区的发展，市民可方便地到达较远的游憩目的地，而不必仅依赖城市中心的集中绿地。这种变化逐渐引起了公园格局的变化，城市中大量建设用于儿童游戏或是健身的小型场地。20 世纪 60 年代后，人们越来越关注精神层面的社交生活，致力于复兴城市衰落区，并认为城市开放空间能够促进社会交往与城市复兴，因而愈发重视城市开放空间的规划设计。与城市公园不同，城市开放空间不受用地规模的限制，楼宇前的空地、沿河的步道都是城市开放空间的组成部分。可以说城市开放空间渗透在城市的各个角落中。20 世纪 90 年代后，城市开放空间的生态功能受到越来越多的重视，例如城市开放空间对于雨洪管理、生物多样性的重要作用。

“开放空间”这一名词最早起源于 1877 年英国伦敦制定的《都市开放空间法案》(*Metropolitan Open Space Act*)，但各个国家和地区对开放空间均有不同定义与理解。英国 1990 年的《城乡规划法》(*Town and Country Planning Act 1990*) 将开放空间定义为任何用于建造公共花园，或用于公众游憩活动的土地，也包括废弃了的安葬用地。1986 年，美国土木工程协会将开放空间定义为未被利用的或用于公众与私人娱乐活动的水系和土地，或者被周围土地的拥有者用于娱乐活动的土地。乡村、绿带以及荒地都被看作是开放空间。我国《香港规划标准与导则》（*Planning Standard and Guidelines*）指出开放空间是一种受法律保护的用地类型，主要用于为公众提供游憩活动的场地。

不同国家和地区对于开放空间的定义各有侧重，但都强调其公共性与游憩性。我国在规划实践中并未严格采用这一概念，最为相近的概念是城市绿地系统规划中的公园绿地。本书中的城市开放空间也主要指城市公园、广场、滨水区域、绿道等面向大众开放的、可承载一定游憩活动的区域。

1.2　设计特征解析维度：主观与客观

城市开放空间的设计特征指其组成要素，以及这些要素的数量、尺度、形态、颜色、质地和要素间的空间位置关系等。我们可以从主观和客观两个维度描述与评价城市开放空间的设计特征。主观维度指使用者对于开放空间的感知与体验，客观维度则指城市开放空间的纯物质属性。基于主观维度的评价往往会受到很多个人主观因素的影响，且缺乏客观标准与准确性。例如，对于校园中常见的林荫道，走在上面，我们会觉得“景观优美”“围合感很强”“尺度宜人”或是“私密性很强”。这是林荫道给我们的主观感受，但这些主观维度的评价却是因人而异的，并不统一。有些人可能觉得林荫道两旁的树木很美，围合感很强；有些人可能会觉得景色过于单调，没有开花植物，不够吸引人。再比如，从小生活在城市的人在到访乡村时，看到各种农田与茶园等乡村景观时会兴奋不已；但对于长时间生活在乡村的人可能只觉得这些景观较为单调，没有城市中的高楼大厦吸引人。观赏者的生活经历、受教育水平与个人喜好都能影响其对同一景观空间的感知与评价。此外，主观维度的评价也缺少准确性。例如，我们很难准确说明什么样的广场是“尺度宜人的”，什么样的道路是“围合感较强的”。这就造成我们的描述很难准确反映城市开放空间的设计特征，也很难令其他人准确理解这些设计特征，从而导致描述与评价具有较大的不确定性，不利于信息的准确传达，也不利于学科与行业的发展。

从客观维度描述与评价城市开放空间设计特征是基于设计要素的物质属性的，评价结果相对唯一。在客观层面，我们可以提出测量林荫道的组成要素与其空间特征的指标。例如，道路两旁树木的高度（H）以及道路宽度（D）与树木高度（H）的比例（D/H）等，以此来客观、定量地解析林荫道的设计特征（图 1-1）。类似地，对于开阔的滨水区域，我们可以通过测量观景点与水岸之间的距离等指标，描述这一滨水区域的开阔程度，例如，水岸间的距离是 50 米还是 100 米？通过准确测量距离，客观层面的指标可以较为清晰地描述与评价水面的宽敞程度。

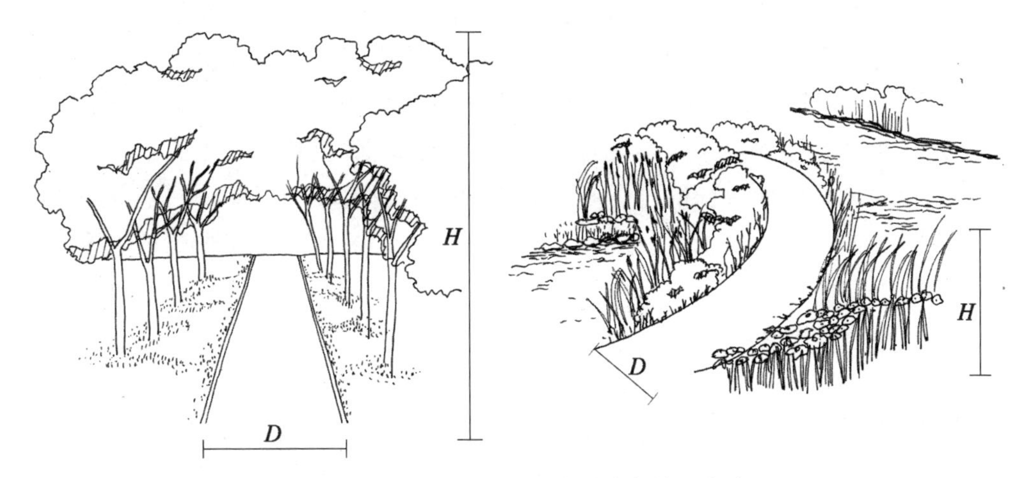

图 1-1　利用 D/H 指标评价开放空间的围合感

同时，城市开放空间的客观评价与主观评价是紧密相连的。对于城市开放空间设计特征的感知往往依赖于其具体的物理属性。换言之，主观设计特征感受依赖于客观设计特征，即主观感知是使用者对城市开放空间客观物质属性的主观评价。例如，70 米见方的水面和草坪通常会使人体验到很强的开敞感；场地周围绿篱高度达到 1.7 米时，能遮挡大多数人的视线，因而会使场地中的人觉得很安定、私密性强。大多数人身处这些环境中时，会产生相似的感受，感知有一定的稳定性。这就是为什么高品质城市开放空间往往受到大多数使用者的喜爱。简而言之，从客观维度评价城市开放空间的设计特征更为准确与统一，而主观维度的评价更贴近使用者的直接感受。在设计特征的研究与实践中，应灵活运用两种不同的评价维度。

1.3　设计特征解析尺度

我们可以在不同尺度上解析城市开放空间的设计特征，不同解析尺度关注空间的不同方面。总体层面的解析大多关注主要场地、园路及它们之间的空间关系；场地层面的解析则主要针对场地布局及场地上的构筑物、座椅、花台等元素。例如，芝加哥千禧公园在总体层面上可看作是由不同块状活动场地组成的，包括大草坪、观赏花园、喷泉广场等空间（图 1-2）。但在更小的尺度上，花园中还布局了更为细小的线性空间，如供人游赏的园路小径。上海外滩步行区在总体层面上可看作线性开放空间，主要由黄浦江、滨江步道、有铺装的活动场地三部分组成。这些组成要素依次排开，与黄浦江呈平行的空间关系。但如果放大看，在更小的尺度上，一些活动场地可看作块状场地。这些场地上有绿篱、阶梯与休息座椅等要素，这些要素有着不同的形态与颜色特征。因此，我们在解析城市开放空间设计特征时，需要针对不同目的明确解析尺度——是在总体层面，解析场地之间的空间关系格局；还是在场地层面，解析细小要素的具体设计特征。

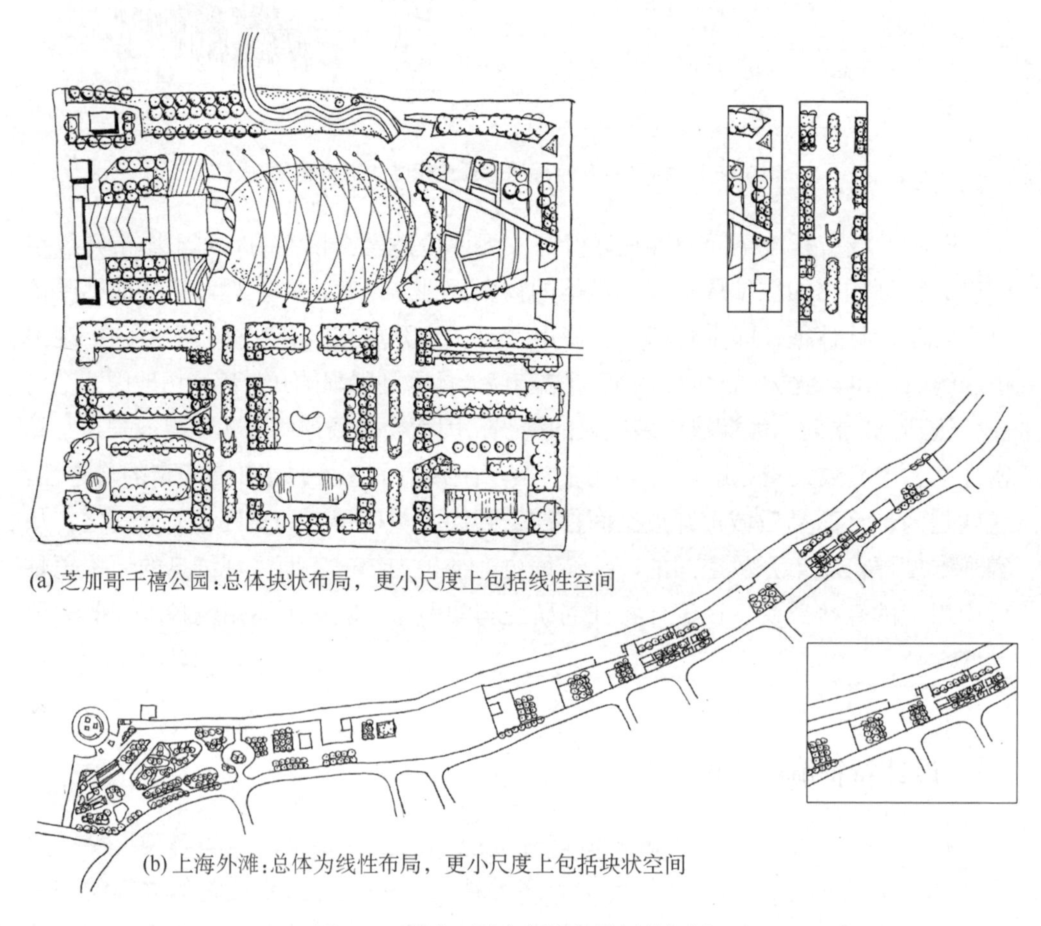

(a) 芝加哥千禧公园：总体块状布局，更小尺度上包括线性空间

(b) 上海外滩：总体为线性布局，更小尺度上包括块状空间

图 1-2　城市开放空间设计特征的解析尺度

1.4 设计特征对感知、心理与行为的影响

城市开放空间的设计特征可以影响使用者的感知，进而影响其心理与行为，因而十分重要。例如，我们在林荫道上会觉得道路两边的树木高大、枝叶浓密，情绪会变好；同时，高大的树木也营造了私密感，让人感觉很有安全感。因此，我们可能会在林荫道多停留一会儿，或是选择与朋友在林荫道上散步，心情也可能变得更愉快。现有大量研究已表明，自然元素可促进正向情绪，缓解负向情绪，提升注意力，缓解精神疲惫，等等。例如，宽敞的水面可以对使用者的情绪产生积极影响[2]。在大面积水域边，我们会觉得很开阔，可能会情不自禁地在水岸边散步，这样既锻炼了身体，又放松了心情，为身心健康带来益处。作为设计师，我们很重要的工作目标是设计出对使用者身心健康产生正向影响的城市开放空间。从某种角度来说，我们设计的不仅仅是开放空间的物质形态，而是使用者的视觉体验、心理与情绪感知、社交等行为，乃至使用者的健康状况。因此，设计理论的研究者需要深入理解城市开放空间的设计特征，以及这些设计特征可能对使用者产生的影响。

1.5 设计品质的六种评价视角

如果从影响使用者心理行为的角度考虑，高品质的城市开放空间能为使用者带来多种益处。例如，高品质城市开放空间可吸引市民停留，从而促进社交活动与体育活动，为市民带来身心健康的益处。因此，我们需要探索城市开放空间的设计特征对使用者感知、心理与行为的影响，从而找出能对感知与行为产生正向影响的设计特征，生成相关导则，指导未来的设计实践。

但同时，任何事物往往会在多个维度产生影响，这些影响可能有所矛盾，需要构建相关的理论框架与评价视角，深入解析设计特征对多个方面的影响。例如，虽然平整的柏油马路可为出行提供舒适的散步环境，为市民带来方便；但不透水的柏油铺装却不利于雨水下渗，不利于城市雨洪管理。相似地，我们在评价城市开放空间设计品质时，也需要明确不同的评价视角，有针对性地思考城市开放空间的优点与不足。

西方学者提出评价景观空间的品质主要有五种视角，包括：①生态视角；②形式美学视角；③心理生理学视角；④心理学视角；⑤现象学视角[3]。这里我们再加入第六种行为学视角（图1-3）。生态视角强调景观的“自然性”，认为任何

形式上的人工改变都是消极的。例如，对于一些自然区域，我们不应该人为干预太多。在风景名胜区修建道路的时候，应尽可能把道路修得窄一点，或者将道路架起，从而将道路对生态的影响降到最低。在生态视角下，风景名胜区的输电线等人工构筑物均被视为影响视觉美学的消极因素。秉承这一视角，美国许多国家公园对枯萎倒地的树木也不加干涉，任其自然消亡与分解。形式美学是很多景观设计师所秉持的评价视角，这一视角从视觉体验出发，强调空间的形态、颜色、质地及相互关系，并根据这些元素的多样性、和谐性、统一性与对比性来判断景观的美学价值。例如，在城市开放空间设计中，是不是应用了相互协调的形态，花台的分割方式是不是充满韵律感且和谐一致，等等，也就是说从设计的形态布局上判断景观空间的品质。这一视角偏重开放空间的形态与视觉体验，对塑造美观的空间环境很有帮助，但往往缺少客观、统一的评价标准。心理生理学视角试图建立环境的物理特征与使用者感知的量化关系，并利用生理反馈仪等仪器测试使用者的一些生理标，如皮电、肌电、血压、心率等。现有医学实验已证明这些指标能较好地反映使用者的情绪状态。例如，当使用者在水边散步时，反映压力状态的皮电与心电有什么变化？散步之后，使用者的血压是不是有所降低，也就是说紧张的情绪有所缓解？生物反馈仪等仪器的快速发展为这一领域的研究提供了先进的技术条件，也使这一评价视角得到越来越多的重视。心理学视角强调景观环境感知维度的特征，例如一致性、复杂性与神秘性，并强调景观空间激发的感知与情绪体验。例如，环境心理学家发现具有一定开敞性的或是有明确空间限定的景观空间能给人较多的安全感，从而受到使用者的喜爱[4]。那么在具体设计中，可设计更多具有一定开敞性与空间限定的城市开放空间，增强使用者的安全感与停留意愿。现象学视角强调人们在景观空间中的主观感受，并认为人们的感受是有差异的，不同人的不同感觉都是重要的，而无须追寻唯一的评价结果。例如，同济大学的毕业生走在同济大学的校园中，会回忆起读书时的种种往事，陷入回忆的思绪。但其他学校的毕业生走在同济大学的校园中，大多只会单纯地欣赏校园的建筑与植物，并无特别的联想与情绪体验。现象学认为每个人在环境中的体验与感知都是不同的，但都是值得关注的。行为学视角则强调开放空间的设计特征对使用者行为的影响，例如宽敞的活动场地可以促进太极拳等群体性活动的开展，优美的水岸风景则能促进游人的散步行为，而配置充足座椅与凉亭的城市开放空间则能吸引游人停留，进而促进社交行为。

无论应用哪种视角，在客观维度系统解析城市开放空间的设计特征都是评价其

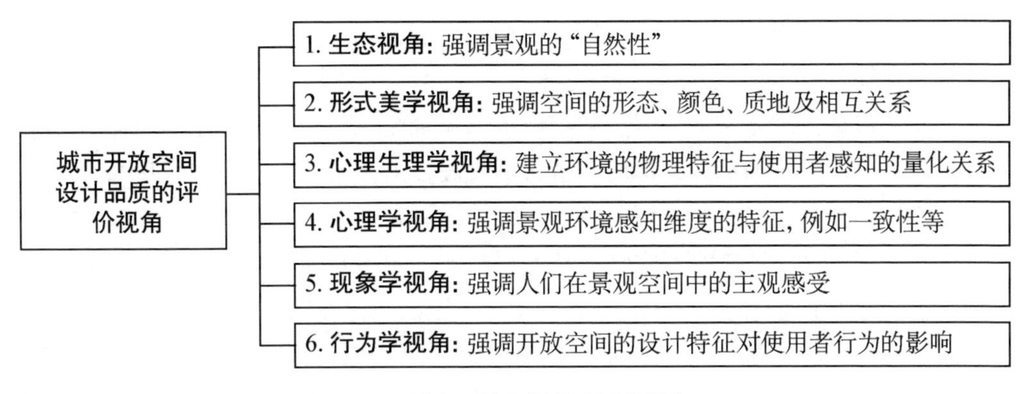

图 1－3　城市开放空间品质评价视角

品质的重要基础，也是构建相关理论的重要保证。例如对于游径设计，在生态视角下，需要明确游径宽度为多大时，不会阻碍动物的穿越；在心理学视角下，需要明确园路宽度与路边植物高度为多少时，能营造出适当的围合感，既不压抑，又能通过障景为游人带来惊喜；在行为学视角下，也需要明确怎样的铺地能够吸引更多游人使用园路，散步更长的时间，从而获得更大的健康效益；在现象学视角下，则需要考虑老年人或行动不便的人是否能舒适地使用游径，是否需要在游径周围设置更多的休息座椅。这些分析都需要建立在对城市开放空间设计特征的系统与客观的描述上，从而进一步探索不同设计特征对使用者心理与行为的影响，筛选出能促进积极情绪与行为的设计特征。最终在设计实践中加以应用，提升城市开放空间的设计品质。

1.6　实证主义哲学范式

哲学范式（Philosophical Paradigm）是认知事物的最根本模式与体系[5]。这一体系及其自身的内在观点引导我们侧重不同的研究问题，与研究对象保持不同距离，采用不同研究方法，并用不同的标准衡量研究的品质。哲学范式统领整个认知过程，"怎样探索世界决定你将得出怎样的结论"[6]，因而十分重要。规划设计学科具有自然学科与人文社会学科的双重属性。这一多学科特质使我们可以在研究中应用不同的哲学范式，例如实证主义（Positivism）与批判理论（Critical Theory）等。不同哲学范式在本体论层面，认识论层面与方法论层面持有不同观点，应用不同标准判定知识的可靠性，并采用不同的方法建构理论体系。

在循证设计的思潮下，城市开放空间设计特征的研究多根植于实证主义的哲学范式。实证主义起源于19世纪初的法国科学院时期。1830年，社会学与哲学家奥古斯特·孔德（August Comte）发起了实证主义运动并提出了这一名词。孔德认为，人类文明（包括每个领域的知识）共经历了三个阶段。第一阶段是无知的神学主导阶段，第二阶段是更加抽象的形而上学哲学阶段，第三阶段最终到达科学的“实证主义”阶段。孔德提出，与实证主义不同，神学与形而上学并不能对实践提供指导与帮助。实证主义根植于客观主义，认为真理是被被动发现的。意义及有意义的现实存在独立于意识。“世界上事物的意义在意识出现前就已经存在，并不受意识的影响”[7]，也就是说真理不是被创造或构建的，而是被消极发现的。实证主义者认为真理具有可分割性并且处于系统的相互联系之中。任何真理的一小部分都可以从整个系统中抽离出来进行单独研究。实证主义者将研究对象分解成各个要素及要素之间的关系，并认为分别研究这些要素与关系可以了解整个系统的运行机制。例如在古典园林的研究中，研究者可将狮子林等园林分割成不同的区域研究其视觉体验；研究城市公园设计特征对体力活动的促进作用时，可将城市公园拆分成广场、园路。真理是一点点获得的，整个累积的过程也就是知识产生的过程。类似地，对于城市开放空间，可深入研究测量其设计特征的方法，并探索不同设计特征对使用者感知、情绪与行为的影响，进而构建城市开放空间的规划设计理论。

实证主义认为知识应该具有可检验性、普遍性与可转移性。知识的主要作用是解释现象与提出预测。针对城市开放空间设计特征的研究，我们需要思考什么样的开放空间能促进市民的健康行为与社交活动，即对可能在某种特定开放空间中发生的活动提出较为准确的预测。因此，知识应该具有普遍的正确性，并独立于价值观体系与具体的研究对象之外。这种观点促使实证主义者在研究中，与研究对象保持距离，并力求客观地，或者尽可能客观地进行实验。例如，在古典园林视觉体验的研究中，研究者收集的资料均为客观的园林平面图，而非不同人对园林视觉体验的评价等主观资料。实证主义否认研究者可能有意识或无意识地关注与研究假设相关的信息，而忽略一些更具决定性的情况。然而，我们在开展实证研究时，往往关注我们认为可能对因变量产生重要影响的自变量，而忽略其他因素的影响。也就是说在无意识的状态下区分了变量的重要性，从而使整个研究受到主观因素的影响。例如，假设公园离家的距离是影响市民决定是否到访公园的重要变量，我们在研究城市公园访问意愿时，往往会关注这一因素。因而在研究设计上，主要测量了各个居民区离公园的距离。但事实上，交通方式可能对市民访问公园产生更为重要的影响。这就意味着实证主义的研究中也充满着主观因素，绝对客观的研究可能是不存在的。

对于任何一种哲学范式，都存在着多种研究方法[8]。对于实证主义来说，观察、实验与比较是最常用的建立科学法则的研究方法[7]。实证主义者通过观察，注意到某种规律与现象，通过设计相关实验来检验给出的假设与解释，并以此获得结论。同时，通过重复相似实验与比较结果验证结论的普遍性。例如，在古典园林视觉体验的研究中，应用研究者提供的平面与数据，遵循同样的研究方法，我们会得出相似的结论。具有普遍性的结论会被当作真理与知识。由于实证主义依赖于观察，这种结论假设—验证—精练的过程基于承认通过观察所得的事实能够产生可靠的知识。实证主义者用“科学网格”抽象我们所生活的世界，从而使量化与比较成为可能。例如，普通人见到早上升起的太阳，会觉得太阳是红色的，而且距离我们很远。但到底有多远，到底有多红，往往不是普通人所关注的。相反，实证主义者倾向于用具体、准确的空间坐标来描述其所在的具体位置，并用色轮上的颜色来描述是哪一种红。这一科学网格或工具使得不同事物之间的比较成为可能。在城市开放空间设计特征的研究中，同样需要抽象其组成要素与要素之间的关系。

“成功的理论往往包含两方面的内容：一是世界是什么，二是世界是怎样运行的，从而对未发生的事情做出预测[9]。”相似的是，实证主义者也关心两方面问题：①世界是什么？②世界是怎样运行的，也就是事物之间的因果关系是怎样的？针对第一个问题，实证主义者创造出术语与测量方法用以尽量客观地描述所观察到的世界。针对第二个问题，实证主义者设计实验来研究这些现象的因果关系。结论被认可后，就会作为知识并应用于指导实践。例如，针对城市开放空间的研究可能会发现开敞的滨水空间可促进市民的积极情绪，让人心旷神怡。那么，在未来的规划设计中，则需加强对城市滨水空间的规划与利用。孔德认为，对于自然科学与人文科学，科学的研究方法是同样重要的[10]。

实证主义已经广泛应用于自然科学中，现在也逐渐在人文科学领域产生影响。虽然面对争议与不确定，研究人员仍积极地应用实证主义来处理一些主观问题。例如设计一些实验用以观察以前观察不到的现象。一个典型的例子就是在调研中，用打分的方式询问参与者的满意程度。实证主义者认为参与者的态度是可以被客观衡量的，但可能忽略了对同一分数，不同的参与者会有不同的衡量标准与理解的事实。在城市开放空间的相关实证研究中，也需注意这些问题，改进研究方法，进而提升研究结论的可靠性。

第 2 章
城市开放空间设计与环境心理学

本章将介绍环境心理学的研究范围、环境偏好的认知维度与感知维度、注意力恢复理论等环境心理学经典理论，并讨论环境心理学对城市开放空间设计的重要意义。

2.1 环境心理学的重要意义

环境心理学相关理论能直接指导城市开放空间设计实践，帮助设计师营造宜人的室外环境。环境心理学是研究个体与其物质环境相互作用的学科，主要有三个研究领域：一是使用者在环境中的基本心理过程，例如环境感知、空间认知、环境体验与行为等；二是环境的社会因素与影响，例如个人空间、领域感、拥挤和隐私问题等；三是大尺度上人与自然环境的关系，例如人类活动对生态或气候产生的影响等问题（图 2-1）[11]。

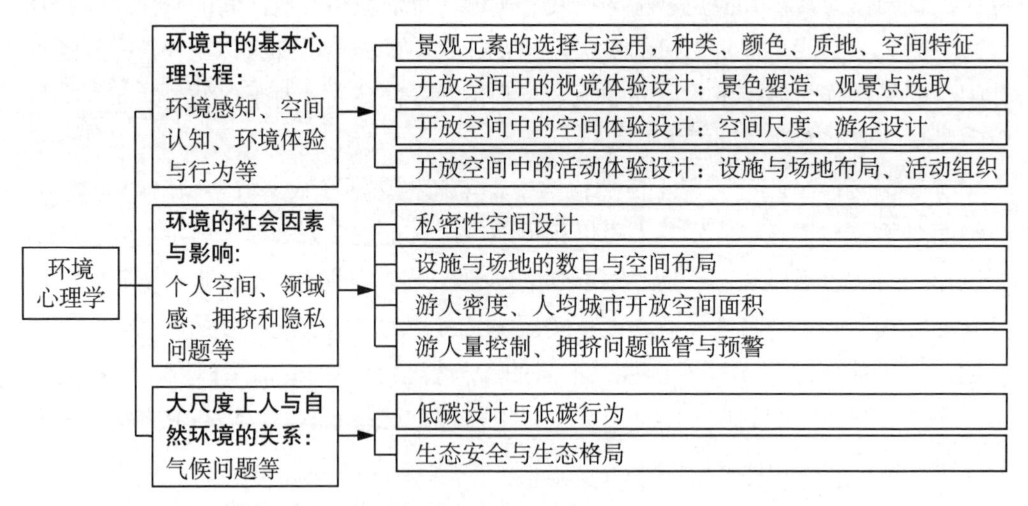

图 2-1 环境心理学在城市开放空间规划设计中的应用

城市开放空间规划设计中，设计师需要选择相关景观元素，综合考虑使用者的视觉体验、空间体验与活动体验，营造宜人的室外环境。环境心理学涉及环境中基本心理过程的相关研究，可以为景观元素与形态的选择、颜色的配置提供基础。例如现有研究表明，色彩可以影响使用者的心情[12]与认知水平。一项澳大利亚的研究发现，在完成高难度任务时，蓝色更利于任务的完成，而红色可能不利于任务的完成[13]。因此，可以多运用一些彩色的铺地与小品，种植花卉，为使用者提供丰富的视觉体验。有关环境感知方面的研究揭示了使用者在不同尺度下的心理体验，例如小尺度空间会带来亲切感，而大尺度的开敞空间则令人心情舒畅，这些理论能帮助设计师思考景观环境的空间组织关系，设计出尺度宜人的城市开放空间。有关空间认知方面的研究揭示了人们处理空间问题的机制，例如怎样在复杂的空间中寻路，相关研究成果可以应用到大型公园与风景名胜区步道体系与景点布局中。例如，环形园路是不是更符合游人的认知？可以帮助游人更为迅速地找到要去的景点？环境心理学有关社会因素的研究，可帮助我们理解环境空间尺度及游客人数对使用者心理的影响，帮助设计师了解室外环境中的个人空间尺度，以及当游人密度达到多少时将影响游憩体验，需要采取限流措施，从而指导城市开放空间人均面积与游客容量等指标的制定。环境心理学有关大尺度上人与自然环境关系方面的研究，能揭示人类处理环境问题时的心理过程，例如人们怎么看待生态保护区与国家公园？在自然环境中游玩时，游人是否有较强的生态环保意识？这些研究可以为低碳设计或是生态环境保护提供基础。

城市开放空间规划设计是城市建设的重要方面，建筑、规划与风景园林学科是应用导向的学科。为了更好地建设城乡环境，规划类学科一方面需深入学习环境心理学等学科的理论与科学发现，指导规划设计实践；另一方面，应从自身学科的实际需要出发，采用严谨的科学方法，产出对学科发展具有重要意义的研究发现，推动学术与实践发展。

2.2　环境偏好的认知维度与感知维度

环境偏好指使用者更愿意选择某一环境的倾向[14]。环境偏好是环境心理学研究中的重要领域，学者们一直探索使用者喜欢什么样的环境及其背后的机制，即受到偏爱的环境能为使用者带来什么益处，从而吸引使用者。目前，环境心理学主要用两个维度来解释环境偏好，包括认知维度与感知维度。认知维度认为人们喜爱某一环境是因为这一环境能提高使用者的认知能力。当身处其中时，使用者拥有更好的理解与实践能力，从而能更好地完成各项任务[15]。例如，我们可能喜欢去图书馆，因为图书馆的环境可以帮助我们专心学习，提高学习效率，在我们需要完成作业或准备考试时，我们会非常喜欢图书馆的工作环境。我们喜欢自然环境，因为自然环境能帮我们放松身心，寻找灵感，更好地投入各项工作中。感知维度则认为使用者偏好自己熟悉或是与自我成长环境相似的环境[16]，例如，从小生活在郊区或农村的人会更加喜欢自然一点的环境，而城市居民则喜欢高楼林立的城市街区。同时，感知维度强调使用者的情绪也能影响环境偏好，人们在情绪好的时候更容易对环境做出积极评价，而在情绪不好的时候容易做出消极评价[17]。例如，秋天时节，面对满地落叶，心情好的时候我们会欣赏这种别样的景观，心情不好时可能会产生“万物萧瑟”“露从今夜白，月是故乡明”的悲凉之感。基于认知维度与感知维度，环境心理学家开展实证研究，深入探索受到使用者喜爱的环境特性，并构建相关理论。这些理论可帮助我们更为深入地理解受使用者喜爱的环境特征，更有针对性地指导城市开放空间的规划设计。

2.3 自然环境偏好及注意力恢复理论

相比人工建成环境，人们更喜欢自然环境。即使在城市中，我们也更喜欢充满自然要素的场所[4]，例如，种植植物的公园，拥有灌木与花卉的广场，以及种植高大乔木的林荫道。如果一幢建筑物周围有很多的树木与花草，我们也倾向于更喜欢这一环境。视觉景观理论认为在大多数情况下，我们是通过视觉感受景观环境的[18]，因此，景观体验在大多数情况下是视觉上的体验。例如，在公园中散步时，我们会穿过树林与草坪，观赏水景。在这一过程中，使用者并未离开园路，却经历了不同的景观环境，得到了不同的体验。因此，如果我们更喜欢自然元素，那必然是这些元素通过视觉体验，对我们产生了积极影响（图 2-2）。

为什么我们更喜欢自然环境？自然环境的哪些特征吸引我们呢？环境心理学家很早就开始探索这一问题，基于认知过程，环境心理学家用注意力恢复理论来解释我们对自然环境的偏好[15]。心理学将注意力分为两种：包括定向注意力（Directed Attention）和无意识注意力（In-voluntary Attention）。定向注意力指需要主观努力才能维持的注意力，我们在完成复杂的认知任务时必须依靠定向注意力。例如，学习科学知识时，我们必须努力集中注意力，才能理解相关知识。相反，无意识注意力指

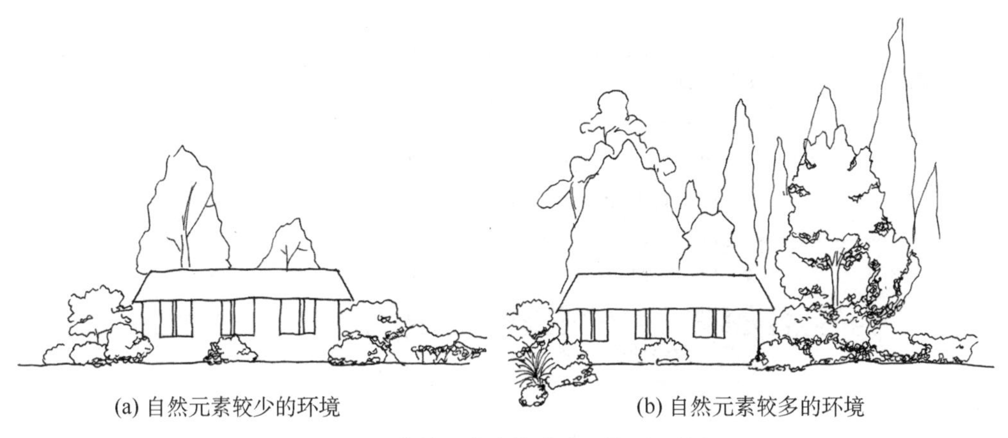

(a) 自然元素较少的环境　　(b) 自然元素较多的环境

图 2-2　自然元素多的建成环境更受偏好

自然而然被吸引的、不需要主观努力来维持的注意力。例如，我们看到优美的景色，听到悦耳的音乐时，会不自觉地沉浸其中，使用的便是无意识注意力，定向注意力会逐渐消耗，因此，需要一个恢复过程[15]。为了维持较高的工作效率，我们需要恢复定向注意力。睡眠可以帮助我们恢复定向注意力，而一些恢复性环境也能帮我们恢复定向注意力。恢复性环境主要具有几个特征，包括：①存在能吸引无意识注意力的吸引物（Fascination），这样定向注意力才能得到休息与恢复；②给人一种逃离感，远离日常生活，使人放松，能够逃离需要定向注意力的脑力活动（Being away）；③有边际性（Content），即有丰富内容，但相互之间比较和谐统一，不会使人觉得信息过多，与熟知的环境不同，但又有明确的结构让人觉得安全；④与人们的心理意愿相符合（Compatibility），例如追求宁静的意愿。自然环境具备这些特质，是很好的恢复性环境[15]，因而受到人们的喜爱。自然环境中的花草树木可以吸引无意识注意力，提供远离日常生活的环境，有丰富的内容，但同时又有清晰的空间结构，是人类内心向往的环境。城市中生活节奏较快，定向注意力消耗较大。身处自然环境可帮助我们恢复定向注意力，高效投入工作和学习中，因此，我们更喜欢充满自然元素的环境。

研究者们提出了感知恢复性量表（Perceived Restoration Scale），用以测量自然环境的感知恢复效益。这些量表主要关注魅力性、远离性、一致性、延展性 4 个维度，包含若干问题。参与者需要回答从某一环境可以获得的感知恢复性，主要采用克里特计分方法。例如，将利用量表询问某一场景是否“很吸引人”，或者“可以让人远离烦心事”。参与者需要给出 1～5，或 1～10 的分数，描述有此种感觉的程度。这些量表已经过可信度检验，并已应用在许多研究中（表 2-1）。

表 2-1　包含 11 个问题的感知恢复性量表

维度	具体项目
魅力性	这里很吸引人。 在这里，有很多有趣的事物吸引了我的注意。 在这里，我不会感到无聊。
远离性	在这里，我可以远离烦心事。 在这里，我可以远离那些耗费心神的事情。 在这里，我可以不去想那些必须要完成的任务。
一致性	这里的布局井然有序。 我很容易看明白这里的布局方式。 这里的事物都位置合适。
延展性	这里足够宽敞，可以任意活动。 这里没有太多边界能限制我四处活动。

现有研究表明，自然元素对健康恢复、压力缓解和精神健康十分有益。在一项著名的实验中，实验者请胆囊切除手术后处于恢复期的病人随机入住不同的病房，观测自然环境对病人恢复程度的影响，并控制其他因素保持一致[19]。实验组病人入住的房间能看到优美的自然环境；对照组病人的房间只能看到对面建筑的砖墙（图 2-3）。实验结果表明，相比对照组病人，能看到优美自然环境的实验组病人恢复得更快，恢复过程更平稳，需要服用的强力止痛剂更少。相似地，病房中的植物也有助于患者手术后的恢复。相比较病房中看不到自然的病人，病房中可看到自然的病人，收到的来自护士的负面评价更少，也就是拥有更积极乐观的情绪，对病房的环

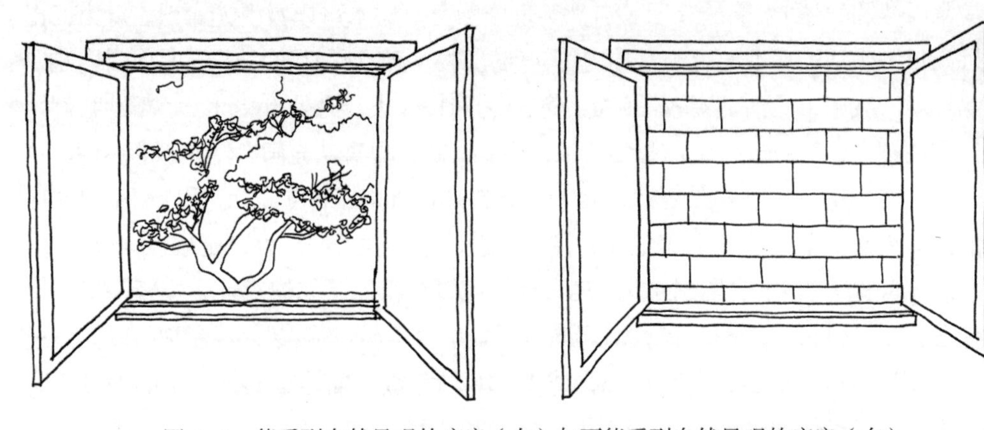

图 2-3　能看到自然景观的病房（左）与不能看到自然景观的病房（右）

境也更加满意。这一研究由环境心理学家乌尔里希（Roger S.Ulrich）主持，发表在 1984 年的 *Science* 期刊上，引起了很大轰动。后续研究表明，广义的自然元素，例如公园中的草地、灌木、树木也能帮助使用者放松精神，恢复精神状态[20]，并可以帮助中学生缓解压力，恢复注意力水平，从而更为专注地学习[21]。

2.4 环境偏好的视觉维度：理解—探索理论

理解—探索理论试图从信息与需求视角出发，解释受人们喜爱的自然环境的特性。环境心理学家开普兰（Kaplan）夫妇认为，人们在评判一个环境好坏时，是基于这一环境对我们自身状态与功能产生了怎样的影响，也就是身处某一环境时，人们能不能出色地完成各种行为与任务的角度[4]。如果使用者觉得一个环境能使其状态良好，较好地完成各种行为，便会喜爱这一环境。此外，信息对于人类行为也至关重要，我们会不自觉地被信息所吸引。人们更喜欢能为一些最基本的行为提供信息的环境。开普兰夫妇认为，在人类所有行为当中，理解与探索行为是最为基础的。因此，能帮助我们更好地理解与探索的环境会受到偏爱。据此，开普兰夫妇提出了理解—探索理论用以描述受人喜爱的自然环境的特征[4]（表 2-2）。这一模型包括行为维度与信息维度两个维度，并基于此提出了受使用者喜爱的自然环境的四种特征。这四种特征包括一致性、易识别性、复杂性、神秘性。从行为维度来看，一致的、易识别的环境有助于人们理解行为；而复杂的、有神秘感的环境则能激发人们的探索兴趣。信息维度把信息分为能马上被人理解的信息，以及需要进一步处理的信息。

表 2-2 开普兰夫妇的理解—探索理论

	理解行为	**探索行为**
马上能理解的信息	一致性（Coherence）	复杂性（Complexity）
需要进一步处理的信息	易识别性（Legibility）	神秘性（Mystery）

2.4.1 一致性

一致性指环境中的要素能够和谐统一，有相似的尺度、形状、材质等特征。一致性可以帮助人们更好地理解环境中的要素以及要素之间的关系，也就是设计师所说的设计要相互协调。我们在城市开放空间规划设计中，经常强调形态与颜色的一致性，也就是体现设计的一致性。例如，日本庭院经常用形状、大小相似的绿篱与石头布置景观。相似的形态与尺度使各种元素很协调，一致性较强（图 2-4）。人们身处这一环境时，会觉得元素的排列有一定的规律与整体性，因而可以很好地理解环境特征。在意大利园林埃斯特别墅中，设计师布置了大量矩形的水池与绿篱，大小也极为相似，共同组成了统一的网格状整体，一致性极强。当游人身处这些环境时，矩形带来的强烈的一致性使游人能快速、清楚地理解环境的特征。开普兰夫妇认为人们之所以喜欢这些环境，是因为环境具有较高的一致性，为人们理解这一环境提供了有效信息。这一理论可以解释为何古今中外的一些经典设计往往选择相似的基本形态，具有较强的一致性。

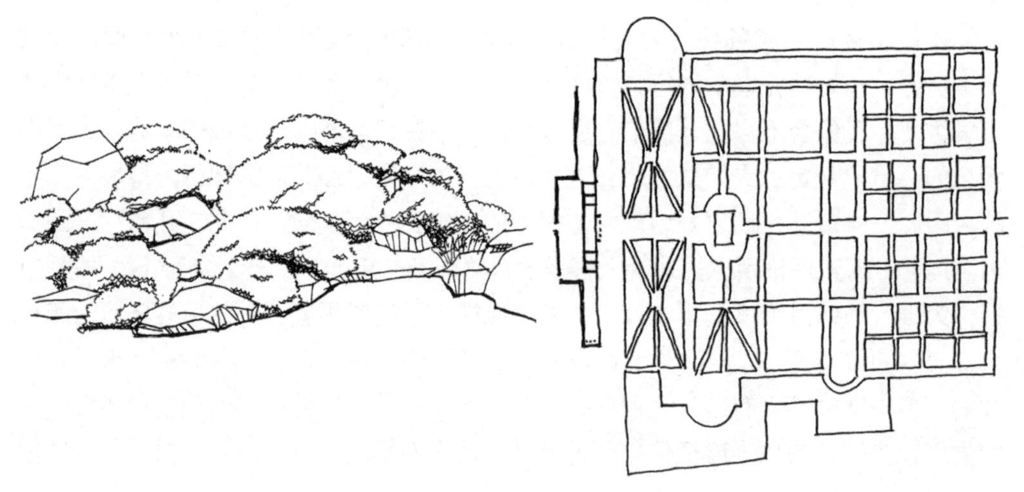

图 2-4　日本庭园（左）和意大利埃斯特别墅（右）

2.4.2　易识别性

易识别性指使用者可较容易地理解并记住某一环境。如果某一环境拥有明晰的空间组织结构或有特点的地标构筑物，使用者将更容易地记住与识别出这一环境。使用者在易识别性高的环境中能更好地理解环境特征，不容易迷路，因此更倾向于选择这一环境。在设计实践中，中轴线与地标构筑物能帮助游人更容易地理解整个环境的布局结构，提升环境的易识别性，已被大量应用到古今经典景观设计中。例如，在北京北海公园中，游人可以在北海公园的各个角落看到山上的白塔，可据此辨别方向（图 2-5）。白塔的别致造型也使大家很容易记住并识别，易识别性较强。

在巴黎凡尔赛宫花园中，建筑、水池和花坛等元素沿着中轴线依次布局。游人沿着中轴线即可游览全园，易识别性也很强。在现代景观设计中，圣路易斯拱门具有较强的易识别性，简洁的造型令人印象深刻，游人也可从多个角度看到这一雕塑，可较为容易地辨别方向。游人在这些环境中时，会较为清晰地了解整个景观空间的空间结构与典型特征，不易迷路。从认知维度讲，环境的易识别性增强了游人对这些环境的理解，因此这些环境更容易受到游人的喜爱。这也可以解释为什么地标性构筑物与中轴线大量出现在从古至今的许多经典设计中。

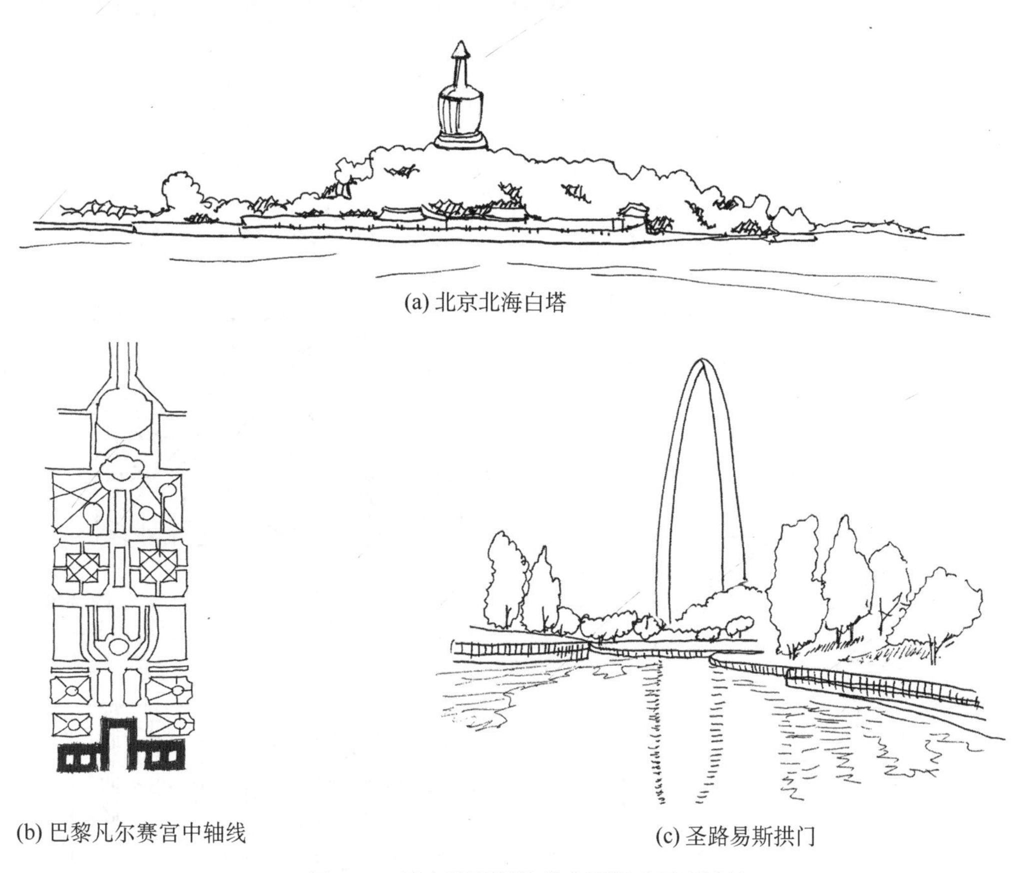

(a) 北京北海白塔

(b) 巴黎凡尔赛宫中轴线

(c) 圣路易斯拱门

图 2-5　具有易识别性的中西经典景观设计

2.4.3　复杂性

复杂性指景观环境中充满丰富的要素，能够激发使用者的探索愿望。中西方许多经典设计中均采用复杂的装饰性元素，这些元素增加了环境的丰富性，因而受到使用者的喜爱。例如，中国古典园林铺地、花窗与挂落中的复杂花饰以及法国园林中的刺绣花坛，都采用较为复杂的要素与装饰（图 2-6）。现代设计中，也经常采用多变的造型与材质来提升景观空间的丰富性，例如通过旋转基本形体而生成的构筑物，或是用石头等材质砌成景观墙以增加材质的丰富性。这些复杂的图饰、造型与材质能增加景观空间的复杂性与丰富性，当游人使用这些空间时，注意力被这些复杂的要素吸引，从环境偏好的认知维度来讲，满足了游人的探索愿望，因而受到游人的喜爱。相反，设计手法过于单一的环境往往使人觉得单调，或是因一眼能够望到头而使人没有进一步探索的意愿。这也可以解释为什么古往今来的经典设计往往具有较为复杂的细部特征。这些复杂的细部特征可以增加环境的复杂性与丰富性，吸引人们驻足细致欣赏并进一步探索。

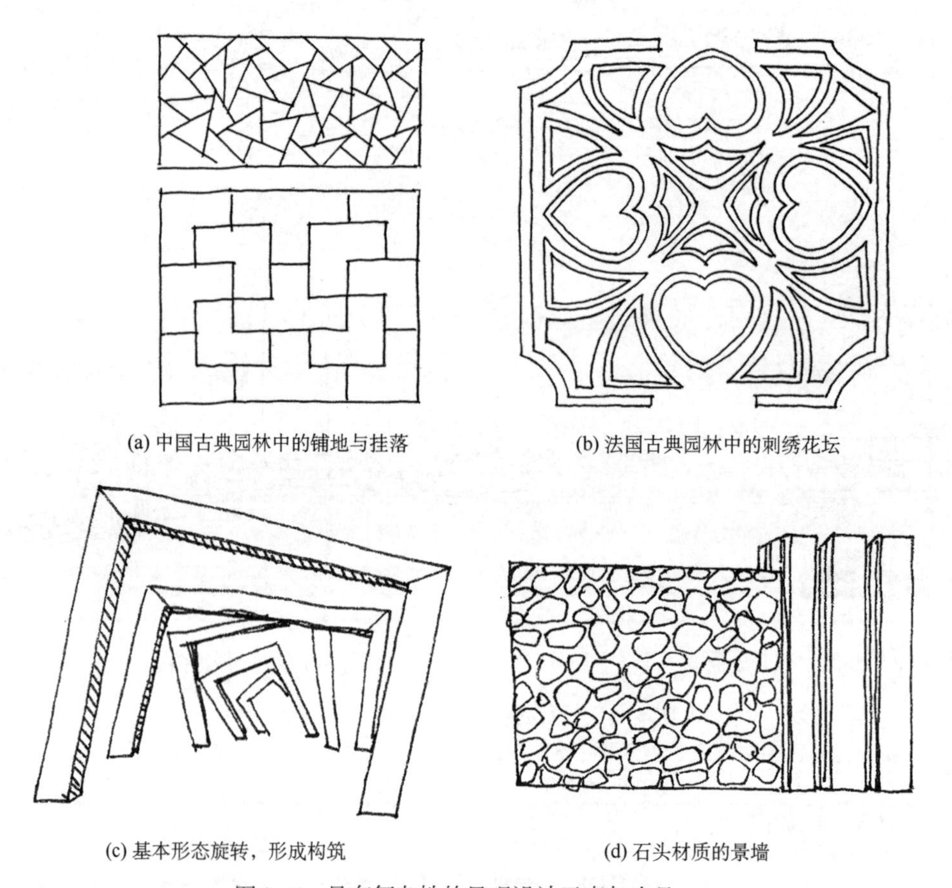

(a) 中国古典园林中的铺地与挂落　(b) 法国古典园林中的刺绣花坛

(c) 基本形态旋转，形成构筑　(d) 石头材质的景墙

图 2-6　具有复杂性的景观设计元素与小品

2.4.4　神秘性

充满神秘性的环境预示着环境前方的不确定，能激发使用者的探索行为，使游人不断向前探索，因此受到人们的喜爱。遮挡部分视线可增加环境的神秘感，吸引游人进一步探索。例如，可将园路设计为曲线形而非直线形，使游人不能一眼望到路的尽头；或是在园路两侧种植茂密的竹林、桂花等植物遮挡视线；也可以直接用绿篱分割空间，阻挡游人视线（图 2-7）。这些设计手法已在中国古典园林中大量应用，例如“曲径通幽”与“移步异景”等。这些方法可以创造神秘性，吸引游人进一步探索，满足游人的探索需求，增加游人对环境的喜爱。

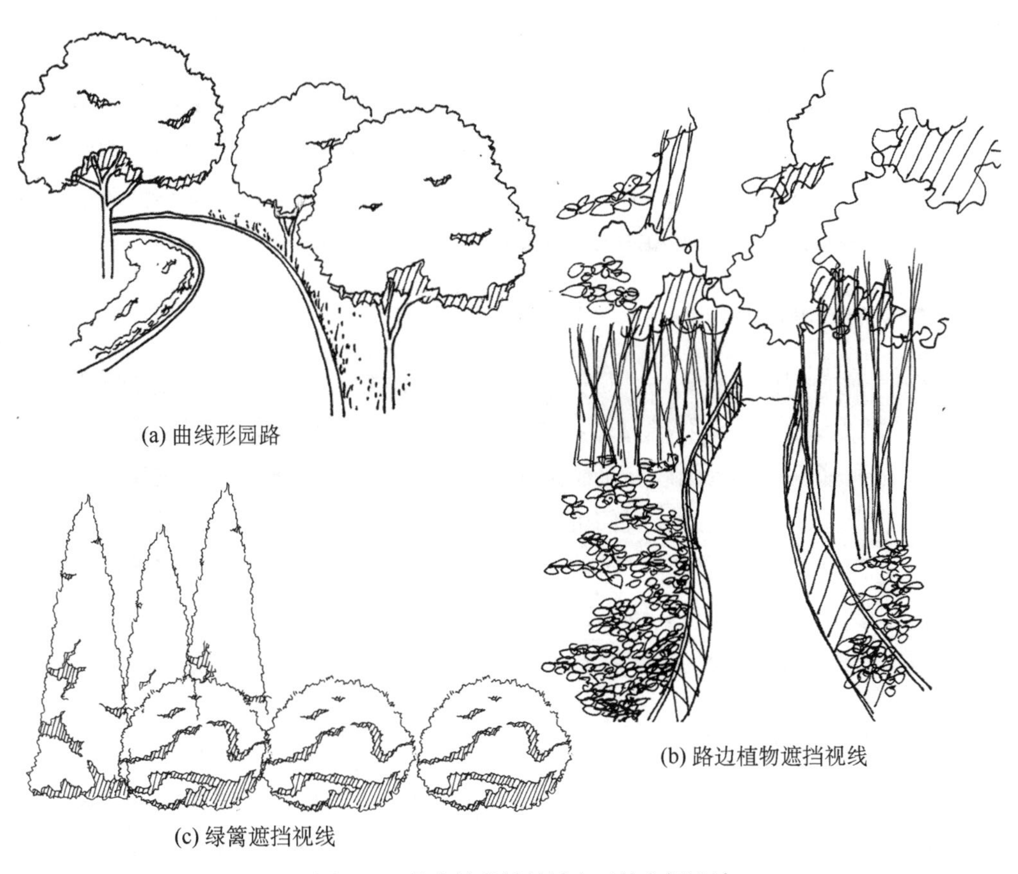

图 2-7　具有神秘性的城市开放空间设计

2.5　环境偏好的空间维度：渗透理论

心理学家认为环境的安全感对使用者来说十分重要。因此，能为使用者提供安全感的环境往往受到使用者的喜爱。从环境的安全感出发，斯坦普斯（Stamps）提出了渗透理论（Permeability Theory）。这一理论主要有三条基本观点：①对使用者来说，环境的安全感最为重要，使用者通常会回避令人不安全的环境，而喜爱安全感很强的环境；②一个环境的安全感受到视觉渗透性（Visual Permeability）与移动渗透性（Locomotive Permeability）的影响；③了解增强环境视觉渗透性与移动渗透性的设计特征，可帮助我们设计出满足使用者需求的城市开放空间[22]。渗透性是指感受到或者能真实穿越物体的可能性。例如，砖砌成的墙体使人感觉穿越的可能性很小，渗透性很小；而一些中间有孔洞的绿篱则使人觉得穿越的可能性很大，渗透性比较大。斯坦普斯认为渗透性受空间的感知围合感（Perceived Enclosure）与感知开敞感（Perceived Spaciousness）影响较大[23]。但通常情况下，这两者的作用是相反的，围合感强、开敞感弱的空间，往往渗透性低，容易产生不安全感，例如两边有高大乔木围合的园路空间；相反，围合感弱、开敞感强的空间，渗透性较高，容易使人产生安全感，例如开阔的草坪与水面空间。

2.5.1　感知围合感

感知围合感指使用者认为能够穿越边界的容易程度[24]。感知围合感受到边界高度的影响最大[23]。斯坦普斯认为边界越高，围合感越强。如果有危险的话，使用者逃离的可能性越小，因而安全感越弱。相反，边界不高的空间，主观围合感较弱，一旦有危险的事情发生，人们可以迅速逃离，在这种空间中，使用者的安全感更高，这种空间也更受到使用者的偏好。例如，相比植物生长过密的密林空间，疏林空间更受到使用者的喜爱，因为密林可以创造很强的围合感，在某种程度上降低了环境的安全感。高度较高的绿篱能有效隔绝视线，感知围合感也较强（图 2-8）。

2.5.2　感知开敞感

感知开敞感指使用者在某一边界内可以移动的范围[24]。感知开敞感受到使用者能自由走动的空间面积影响最大[23]。能够走动的面积越大，开敞感越强，即如果有突发状况，使用者逃离的可能性越大，因此安全感较高。这一理论也可以解释为什么使用者更喜欢较为开敞的空间，如面积较大的草坪或是开敞的大广场。这些空间的可移动面积较大，按照斯坦普斯的理论，可带给使用者更多的安全感，因而受到使用者的喜爱。如果边界的树木高度相似，使用者则倾向于喜欢较大的草坪。如图 2−9 所示，右侧草坪的面积比左侧草坪大，使用者可移动的范围更大，主观开敞感也就更强。

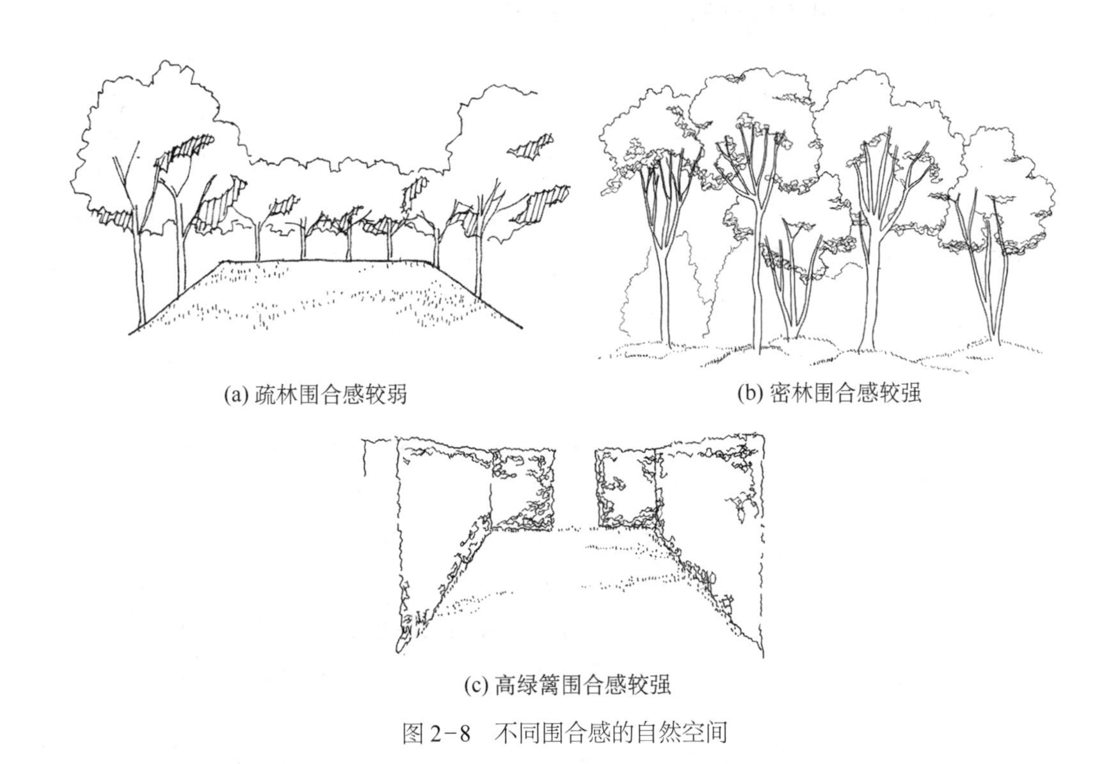

(a) 疏林围合感较弱　　(b) 密林围合感较强

(c) 高绿篱围合感较强

图 2−8　不同围合感的自然空间

图 2−9　尺度较小的草坪（左）感知开敞感比尺度较大的草坪（右）弱

第3章
城市开放空间与环境行为学

本章将介绍环境行为学的经典假说与理论模型，包括詹姆斯·吉布森（James J. Gibson）的生态模型、社会生态模型、认知与行为的三角互动模型。同时，讨论这些模型在城市开放空间设计中的应用。

3.1 吉布森的生态模型

吉布森提出了环境行为学的生态模型（James J. Gibson's Ecological Approach）[25]，这一模型从生物学视角审视人或动物与整个生态环境的关系。吉布森认为，人们对于某一环境的视觉感知（Visual Perception of the Environment）能极大地影响其行为，也就是人们主要通过视觉体验而非触觉、听觉等其他知觉感受环境。因此我们看到的景象对行为影响较大。例如，人们观赏公园中的景色，通过视觉感受自然。虽然也可以通过触摸草坪与树干等自然景物感受自然环境，但视觉感知最为常见，影响力也最大。

吉布森认为"感知环境就是感知环境能承载什么样的特定行为"，并据此提出承载性（Affordance）理论。吉布森提出，"环境为生物提供的承载性，是环境所提供的或是供应的，不管是好还是坏"[25]。例如，设计师最初设计台阶用以承载交通行为，沟通不同高差的场地，但在现实使用中台阶却可能坐满了人。这是因为使用者通过视觉观察发现台阶是可以承载"坐着休息"这一活动的，也就是具有休息的承载性。因此人们会坐在台阶上，即使这并非设计师初衷。也就是说设计师通过设计物质空间，提供某些活动的承载性，当使用者感知到了这些承载性时，便引发了某些行为。承载性这一概念既有客观维度，也有主观维度。客观维度指环境的物理属性，例如一条公园园路的铺装材料，或是一个广场的空间尺度。这些客观维度的空间属性能影响在园路上跑步，或是在广场中参与群体性太极拳运动的舒适性，也就是说可以影响环境承载跑步与太极拳运动的可能性。承载性的主观维度指由于个体差异，在同一环境中，不同人可能感知到不同的活动承载性，因而不同使用者可能在公园中参与不同活动。例如，公园中的台阶可供人坐着休息，但极限运动爱好者则可能利用台阶进行极限运动。这是因为一般游人感知到了台阶供人休息的承载性；而极限运动爱好者则感知到了台阶对极限运动的承载性。造成这一差别的原因是大家的运动经验、运动技能等主观因素不同，也就是承载性的主观维度不同。利用这一理论，设计师可以通过改变环境的设计特征，引导游人的不同行为，从而为游人创造不同体验。例如，普通座椅只能承载游人常规坐着休息的行为。在美国纽约高线公园的设计中，设计师将座椅的宽度与长度变长，许多游人选择半躺在座椅上休息，用不同的视角感知景观空间，可带来别具一格的体验（图 3-1）。

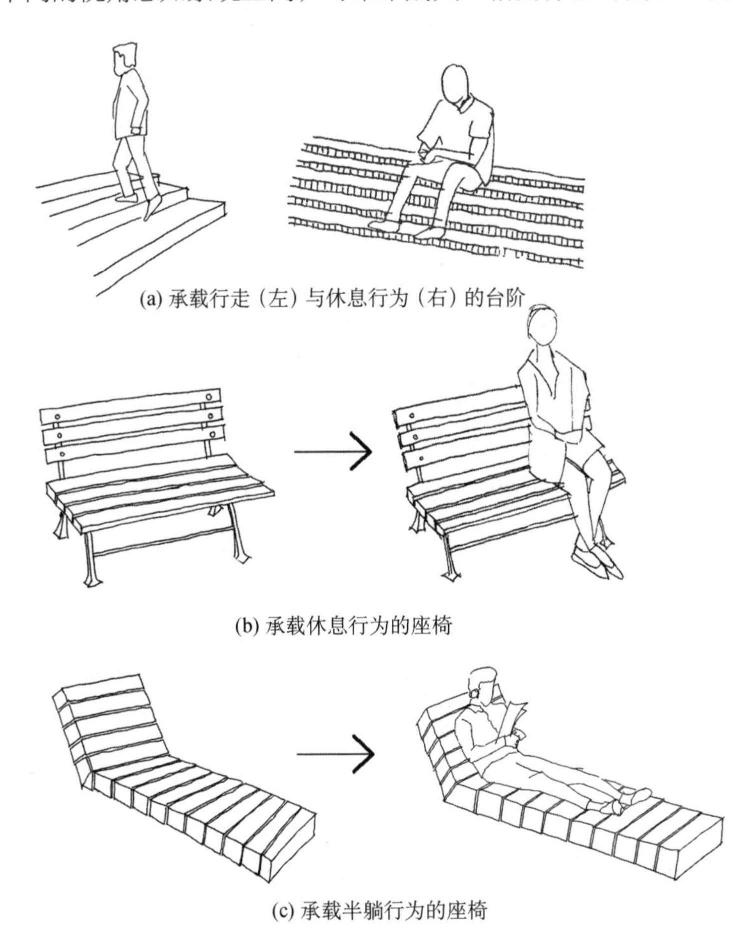

(a) 承载行走（左）与休息行为（右）的台阶

(b) 承载休息行为的座椅

(c) 承载半躺行为的座椅

图 3-1　具有不同承载性的台阶与座椅

基于这一理论，我们可以根据环境客观维度的物理属性预测环境的承载性，从而评价与提升城市开放空间设计的适宜性。例如，广场是不是足够宽敞，可以承载集体性太极拳活动；水面是不是足够开阔，可以划船。而基于主观维度，这一理论也提醒我们考虑不同人群的差异性需求。例如虽然广场足够宽敞，但是铺地并不平坦，大多数青年人可在其上自如活动，但老年人却没法在上面运动；公园中采用高差很多的台地可塑造不同层次的空间感，但却给儿童、残障人士的使用带来了一定的不安全性。其他环境心理学家也强调环境使用过程中的主观因素。发展心理学家布朗芬布伦纳[26]指出，真正影响人们行为与心理发展的是人们怎样感知与看待环境，而非环境的物理特征。吉布森的生态模型还强调环境的有机性，即对某一特定生物，环境中的其他所有生物也是环境不可分割的组成部分，并且共同构成对于某一特定生物的承载性。例如，城市开放空间中的活动人群也能影响其他使用者对环境的感知。如果公园中的人比较少，环境很安静，使用者可能倾向于在公园中欣赏景色或坐着休息；而如果公园中有很多打太极拳的人，使用者则可能会选择观赏他人打拳，或者受到鼓舞，干脆加入其中一起打太极拳。这说明开放空间中的社会因素也能影响人们对开放空间承载性的判断，进而影响其行为，需要在规划设计中予以考虑。

吉布森的生态模型提示我们在城市开放空间设计中应注意三点：①需要考虑环境的物理特征对使用者行为的鼓励与限制作用；②需要考虑不同使用者对开放空间的需求；③需要考虑开放空间中的其他使用者，也就是开放空间的社会环境（图 3-2）。物理特征方面，我们所设计的城市开放空间可以影响人们的情绪与行为，例如颜色鲜艳的花草与优美的水景可改善情绪；林荫道可促进散步行为，鼓励运动；设置座椅的小广场可促进社交行为，提升人们的互动与联结；跑道可促进人们参与更多的运动，提升健康状况。从某种意义上说，我们设计的不仅仅是城市开放空间，我们设计的是使用者的情绪、行为与体验。而解析环境的物理特征，并找出能够促进积极情绪与行为的城市开放空间设计特征，例如空间尺度、绿化种植等，则是应用这些设计特征为使用者带来更多益处的基础。不同使用者的需求方面，城市开放空间的使用人群既包括儿童，也有中青年人与老年人，不同使用者参与的活动，对场地与设施的需求各不相同，因而必须分别讨论，满足多种需求。例如，儿童喜欢滑梯等游乐设施，需要儿童游乐活动场地；中年人倾向于在公园中运动或社交，喜欢公园中的跑道、球场与咖啡店等设施。老年人则喜欢在广场上参加舞剑或广场舞等活动，需要平坦、开敞的空间。在规划设计中，需要充分考虑不同人群的需求。社会环境方面，设计师在规划设计某一城市开放空间时，需要预判周边主要使用人群是哪些人，这些人群有怎样的不同需求。例如，如果场地周边有多个老旧小区，周边老年居民较多，设计中需要考虑无障碍等适老设施；如果场地周边有中小学，则需要考虑儿童与青少年课余时间的游戏需求；而如果场地位于市中心核心地段，周边商场较多，则需要考虑节庆活动、集市演出等活动的需求。综上，吉布森的生态模型提示我们在进行城市开放空间规划设计时，需要考虑物理特征、使用者的特征与需求、社会环境因素等多个维度与视角（图 3–2）。

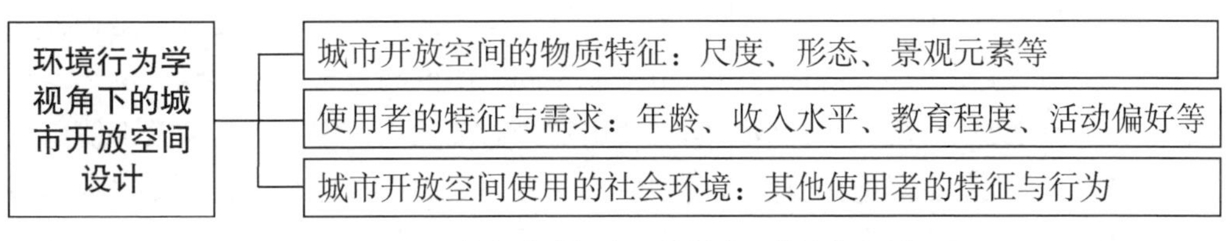

图 3–2　环境行为学视角下的城市开放空间设计

3.2　社会生态模型

心理学家摩斯认为任何试图割裂物理环境与社会环境的做法都是武断的[27]，因为物理环境与社会环境能够相互影响。因此，我们必须应用“社会生态模型（Social Ecological Approach）”，综合考虑物理环境与社会环境。在这一理论框架下，摩斯提出了物理环境的四个要素与社会环境的三个要素。物理环境要素包括：①天气，②建筑环境，③人口密度，④噪声和空间污染。社会环境要素包括：①组织的结构，②人群聚集，③社会环境。这一模型启发我们必须思考城市开放空间所在的文化与社会环境，进而设计出与文化和社会环境相适应的开放空间。例如，亚洲国家普遍崇尚集体活动，因而公园中有许多合唱、集体操和集体太极拳运动等自发性的集体活动，但在欧美等西方国家中，很少能在公园中看到大规模的有组织的活动。相反，公园中比较流行独自一人或与家人一起散步、慢跑。这些差异会影响城市开放空间的设计。具体来说，我国公园可能对面积较大的广场需求比较大，而西方国家则更侧重游径的设计。社会生态模型提示我们在进行城市开放空间规划设计时，需要充分考虑文化环境、社会习惯等社会因素。

3.3 认知与行为的三角互动模型

心理学家认为，人们的行为、认知与个人因素以及环境是相互作用与影响的[28]，因此提出了认知与行为的三角互动模型（Model of Triadic Reciprocality in Human Cognition and Behavior）（图 3-3）。这一理论认为，人们的认知、个人因素能在很大程度上影响人们的行为。这一观点与承载性中的主观因素类似。同时，这一三角互动模型强调三个要素的相互作用，而非两个要素之间的关系；也就是说三个要素相互影响，虽然都能对结果产生影响，但其中占主导的要素对结果的影响最大。在城市开放空间的使用中，城市公园作为环境要素，可以为人们提供接触自然的机会，同时，使用者的个人因素，例如健康状况、游憩时间是否充足、是否喜欢自然与受教育程度等都会对其使用城市开放空间的时间与方式产生影响。例如，有些使用者可能更加清楚城市开放空间对使用者身心的益处，因而更为频繁地使用城市开放空间，以便更好地在自然环境中放松。老年人因为退休在家，有充足的闲暇时间，同时又更关注自身的健康状况，会比其他年龄段的使用者更为频繁地访问城市公园。

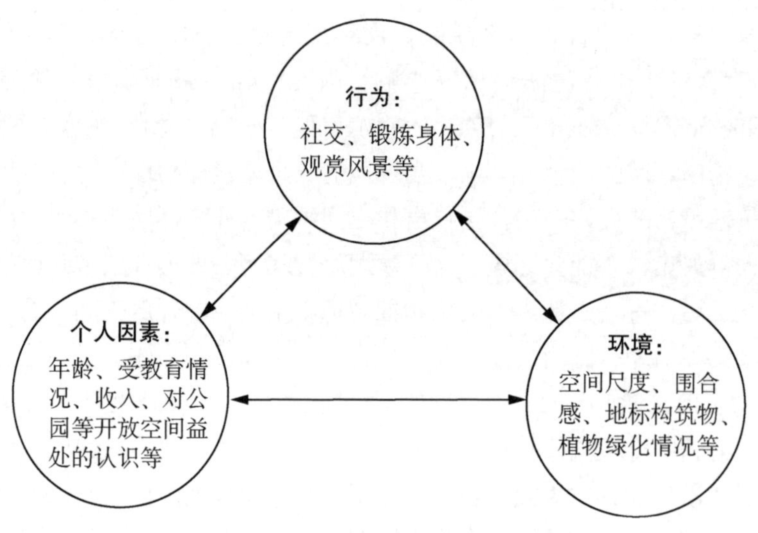

图 3-3　认知与行为的三角互动模型

第4章
基本设计元素与基本形态

本章将在功能层面与形态层面，提出解析城市开放空间设计特征的框架，并配合手绘实例，详细说明基本设计元素与基本形态的特征与应用。

基于实证主义研究范式，从不同尺度与层面解析复杂空间环境，可帮助我们客观与系统地认识城市开放空间的组成部分，以及这些组成部分的相互关系。总体来说，可在功能层面与形态层面系统解析城市开放空间的设计特征（图4-1）。在功能层面，关注城市开放空间承载的各种游憩活动所需要的空间形态，主要包括基本景观元素、单一功能空间、复合功能空间以及空间体系层面；在形态层面，则关注各个要素的视觉特征，可分为圆曲类形态与直线类形态。

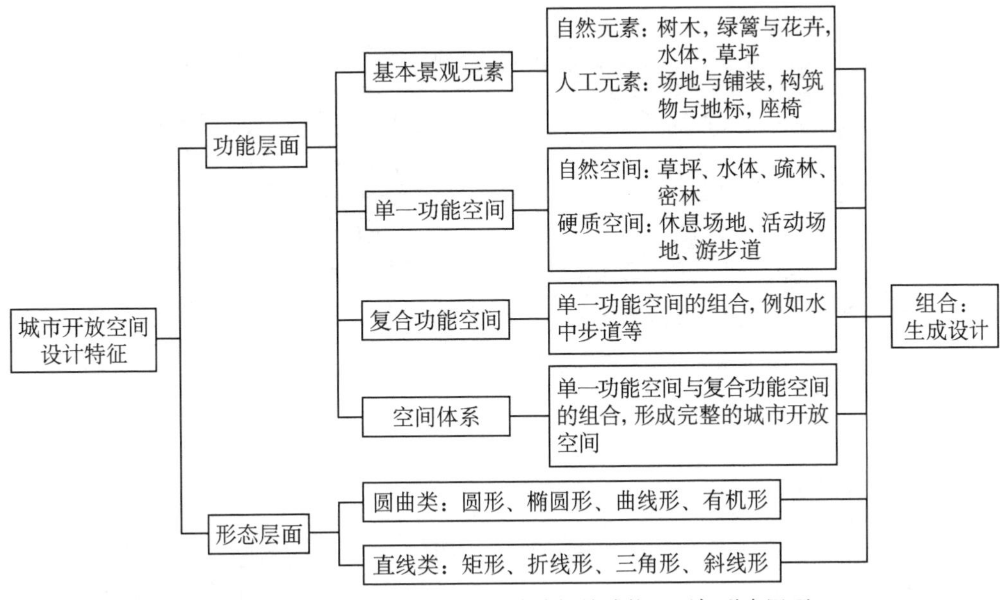

图4-1　解析城市开放空间设计特征的功能层面与形态层面

基本景观元素指组成开放空间的一些最基本要素，例如乔木、水体、座椅及其他构筑物等。这些元素是构成景观空间的最基本单元，组织这些要素可形成单一的功能空间。例如，布置由高大乔木组成的树阵、造型别致的座椅，便形成了供游人休息与交往的社交广场。多个单一功能空间可形成复合功能空间。例如，可将步道与滨水空间结合，形成滨水步道；将休息空间与活动场地结合，形成复合广场空间；将高空步道与森林空间相结合，形成森林高空步道等。更上一个层面，多个单一功能空间相互联结，可形成完整的城市开放空间。例如，利用游步道，将草坪、广场、大水面等空间相互连接，形成完整的城市公园。

本章将着重讨论城市开放空间的基本景观元素与基本形态。

与建筑物相比，城市开放空间拥有更为多维与多样的基本元素。多维体现在既包括自然元素又包括人工元素；多样体现在元素的种类较多。建筑物大多由人工元素组成，例如墙、窗户与门等，而城市开放空间中，既可以布置乔木与灌木等自然元素，又需要棚架、构筑物等人工要素。建筑设计中，主要利用墙体围合空间，用窗来沟通空间，素材较为统一。城市开放空间中，既可以用矮墙来限定空间，又可以利用绿篱与高大乔木来限定空间，元素更为复杂。例如图 4-2 中的围合空间，建筑房间中应用了墙体、地板与窗户三种要素；而室外空间中则有墙体、装饰墙、水池、汀步、乔木与草地六种要素，更为多样。自然元素限定出来的空间通常更为通透，也更富变化。

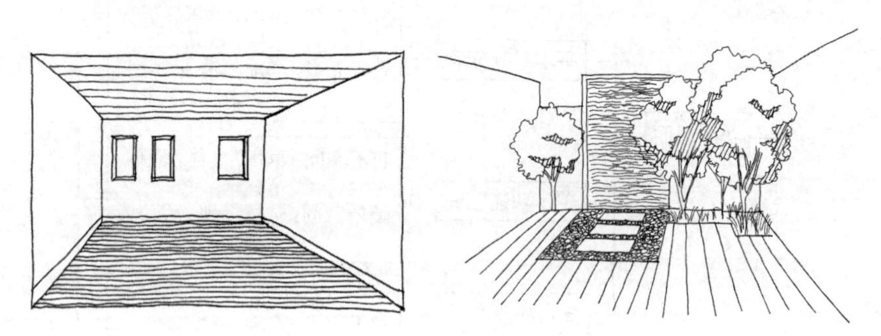

图 4-2　建筑（左）与城市开放空间（右）的基本元素

4.1　基本设计元素

城市开放空间的基本景观元素指构成城市开放空间的最基本物体，主要包括自然元素与人工元素两类。自然元素指树木、水体、草坪等；人工元素主要有构筑物、座椅与铺装等。每种元素又有多种多样的表现形式，例如，大乔木有悬铃木、香樟、合欢、榆树等不同树种；水体尺度不一，有静态与动态之分，可以是开阔的湖面，也可以是弯弯细流；构筑物与座椅等设施造型不同，颜色各异。设计师通过布置这些最基本的元素，创造出千变万化的城市开放空间。因此，我们需要系统地认识这些元素。

4.1.1　乔木

由于树高较高，体积较大，乔木可以有效地限定空间，例如围合草坪或是广场。对于单一乔木，主要包括球形树冠与圆锥形树冠两种（图 4-3）。球形树冠多见于香樟、悬铃木、柳树等树木；圆锥形树冠多见于松柏科植物。树木的分枝点对使用影响较大，游人可以在分枝点较高的树木下散步或休息；如果分枝点较低，则不适合在树下停留。如果树木的分枝点在 2 米左右，既可以容纳游人通过，又可以使游人近距离接触树枝与树叶，更好地接触自然，提升亲自然性。在园路两侧或广场上布置乔木时，需要布置分枝点较高的乔木，否则将影响游人使用。视觉方面，乔木能形成充满生机的自然背景，炎热的夏季也能提供树荫。因此高大的乔木常种植在草坪、园路或广场的边界，形成屏障，分割空间，同时为过往行人提供阴凉。现有研究表明，园路两旁的树荫状况可以在很大程度上影响公园园路的使用，人们会更多地使用树荫覆盖的园路。城市开放空间设计中，经常大规模种植乔木形成疏林或者密林，创造林下空间。游人在林下空间活动时，可以近距离接触自然，体验完全沉浸在自然中的感觉。

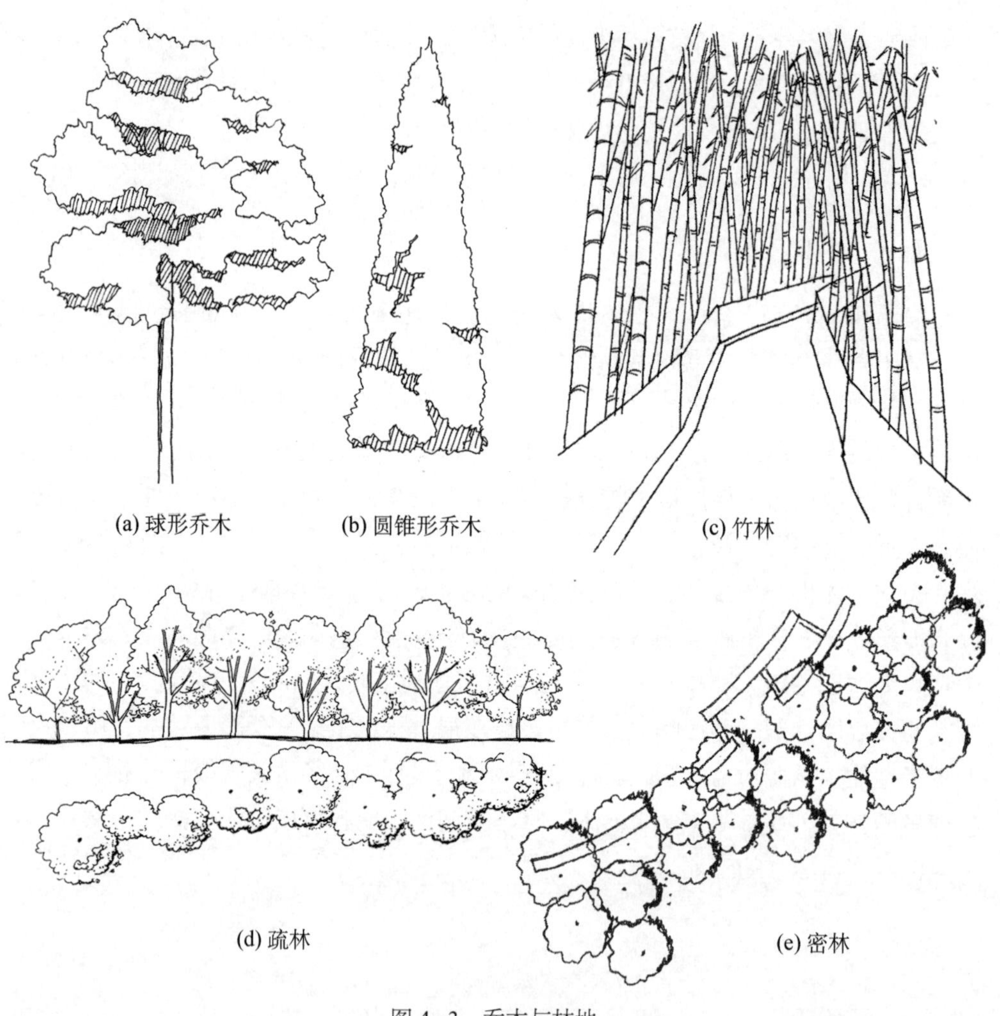

图 4-3 乔木与林地

4.1.2 灌木

城市开放空间中的灌木主要有点植与丛植两种（图 4-4）。点植灌木主要指黄杨球、冬青球与种植在花池中的鲜花等；丛植灌木指成片种植的绿篱，例如小叶黄杨绿篱等。空间限定上，丛植的灌木可形成自然背景，帮助划分空间并遮挡视线，增加空间的私密性。而点植的小棵灌木与花草则可起到点缀作用，增加空间的色彩与吸引力，吸引游人停留，为游人创造优美的视觉体验。

图 4-4　不同样式的灌木

4.1.3　水体

水体是重要的景观元素，广泛应用在古今设计中。基于流动性，水体可分为静态水面与流动性水景（图 4-5）。观赏静态水面可以使人心情平静安宁，静态水面往往布置在场地的核心区域，周围留有充足的空间供人停留、观赏水面。动态水体变化多端，极具观赏性与互动性。例如，动态环形喷泉为游人动态接触水体提供了机会；广场上的旱喷既可供人观赏，又吸引许多儿童前来玩耍；而动态小瀑布则动感十足，引人入胜。依据规模，水体可分为开阔巨大的水面与面积较小的水景。面积较大的水体主要在现代公园中应用较多，而古典园林中则利用岛屿将水面分割成形状、大小不一的小规模水体，例如象征湖面的块状水体及象征江河的条状水体等。虽然古典园林的面积有限，但由于水体形态差异较大，在其中散步时既可以观赏到开阔的大水面，又可以欣赏到曲折悠远的条形水体，可为游人提供变化多样的视觉体验。现有研究表明，水体可促进人们的积极情绪[2]，这也是我们喜欢在开阔的水边散步的原因。

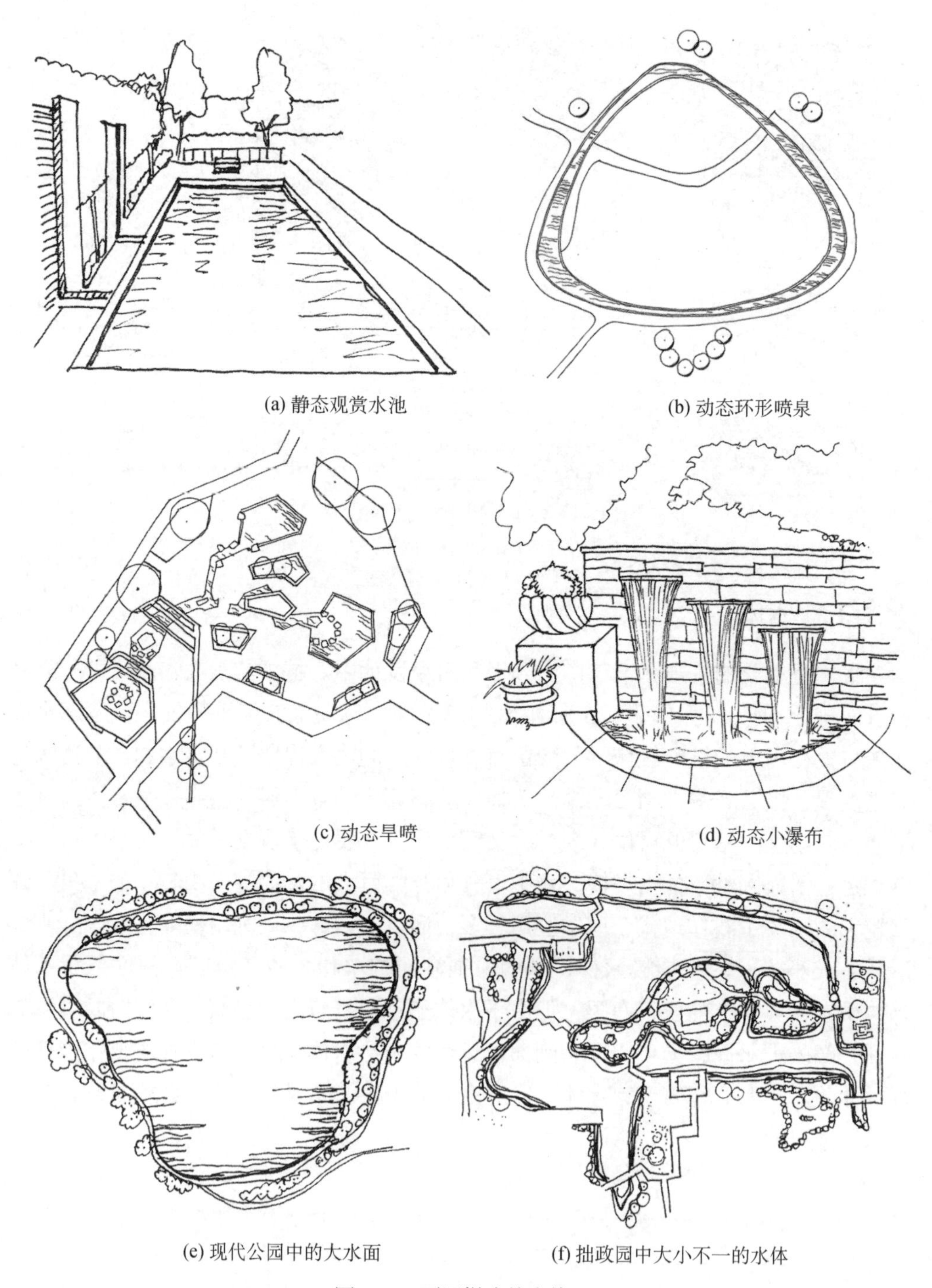

图 4-5　不同样式的水体

4.1.4　草坪

草坪的规模与用途各不相同，面积较大的草坪能承载各种活动，例如野餐聚会、儿童玩耍与踢足球等（图 4-6）。草坪表面柔软，使用方式灵活，深受使用者的喜爱。西方公园中往往都设有面积较大的草坪供人休憩、活动。我国古典园林规划设计中较少使用草坪元素。但现代城市中，市民越来越多地使用草坪，尤其是带小孩的家庭更多地在草坪上野餐或搭帐篷，陪伴儿童玩耍。草坪由于表面柔软，能承载多种多样的活动，往往利用率较高。在城市开放空间的设计中，应尽可能地考虑这一需求。面积较小的草坪多为装饰性草坪，周围种植绿篱与花卉，供人欣赏。设计草坪时，需要考虑提供树荫，游人往往偏好有一定的阳光但又有树冠遮阳的区域。同时，需考虑草坪与硬质活动场地、道路的关系。我国居民越来越倾向于在公园中野餐、扎帐篷、聚会或是观赏演出活动，在城市开放空间规划设计中，需重点考虑这些需求，布置开阔的草坪空间。

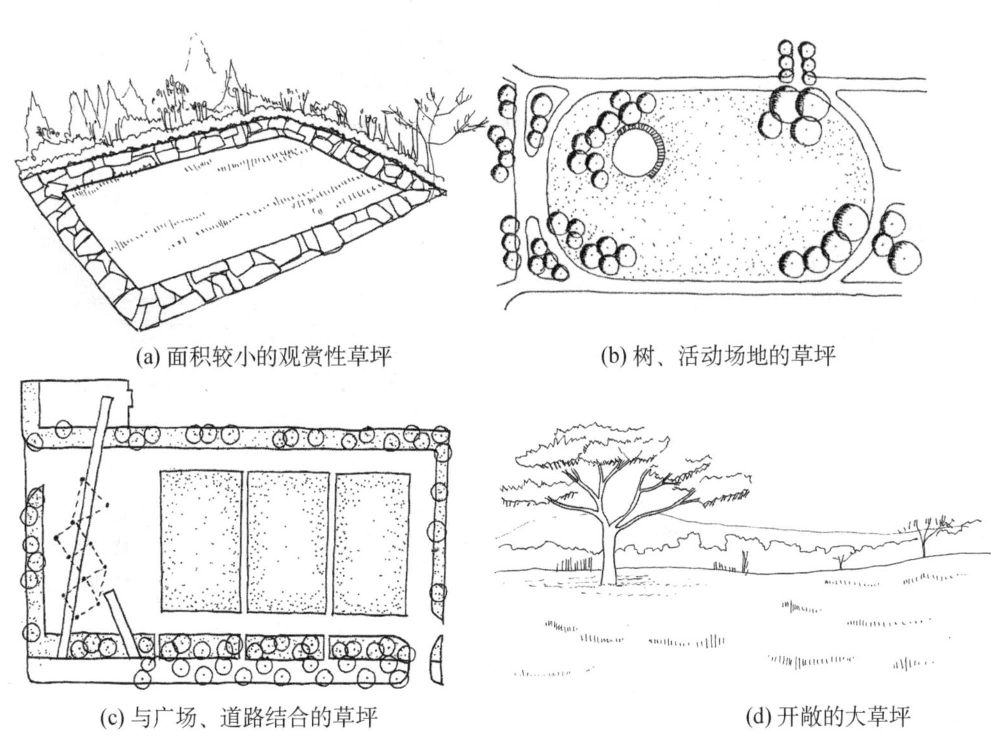

(a) 面积较小的观赏性草坪　(b) 树、活动场地的草坪

(c) 与广场、道路结合的草坪　(d) 开敞的大草坪

图 4-6　不同样式的草坪

4.1.5 构筑物

城市开放空间中的构筑物主要指遮阳亭与景观墙等。功能上，这些构筑物可提供遮雨、遮阳的场所，尤其是在炎炎夏日，可提供阴凉以供短暂休息（图4-7）。视觉上，人工构筑物往往具有独特的造型，在自然背景中颇为突出，较吸引人，有地标的作用，能增强环境的易识别性。地方特征塑造上，具有文化象征意义的构筑物还能帮助宣传地方历史文化，例如取自古建筑结构元素的亭廊及运用地方石材修建的景墙等。可以采用多种设计样式，使构筑物的样式更为丰富与突出。

图 4-7　不同样式的构筑物

4.1.6　座椅

游人往往希望在自然环境中放松休息，座椅能够提供休憩机会，因此在设计中起到十分重要的作用。通过布置座椅，设计师可以引导使用者停留的地点及观景的视线方向。例如，将座椅布置在湖边或树林中自然环境最优美的地方，面朝广阔的湖面或是幽静的森林。座椅的造型、尺度也各不相同，有些座椅较长，使用者可半躺在上面，更好地放松身心（图 4-8）。造型优美别致的座椅可以作为小品很好地点缀城市开放空间，为空间增添趣味性，吸引游人停留。例如丝带形的、造型独特的休息座椅，或者波浪形的座椅等。更为重要的是，我国老龄化问题日益严重，城市开放空间中的座椅可鼓励老年人更多地到访开放空间，老年人不用担心没有休憩设施。座椅可使市民更为舒适地使用城市开放空间的同时，也可促进市民的社交行为。

图 4-8　不同样式的座椅

4.1.7 铺装

通过设计铺地，设计师可以引导游人在城市开放空间中的停留位置与游览方向。地面有较强的引导与暗示作用。游人往往使用有铺装的区域，而很少踏进没有铺装的自然区域，合理设置园路可以保护生态敏感区域不被游人践踏。铺满整齐地砖的宽阔广场可以承载各种各样的活动；而条形的铺装可以使空间具有流动性，更好地引导游人游线。改变块状铺地的颜色也可以很好地限定一定的活动区域，强调场地的边界。采用当地石材铺设铺地，可以增加开放空间的地域性，使空间充满变化与趣味（图 4-9）。

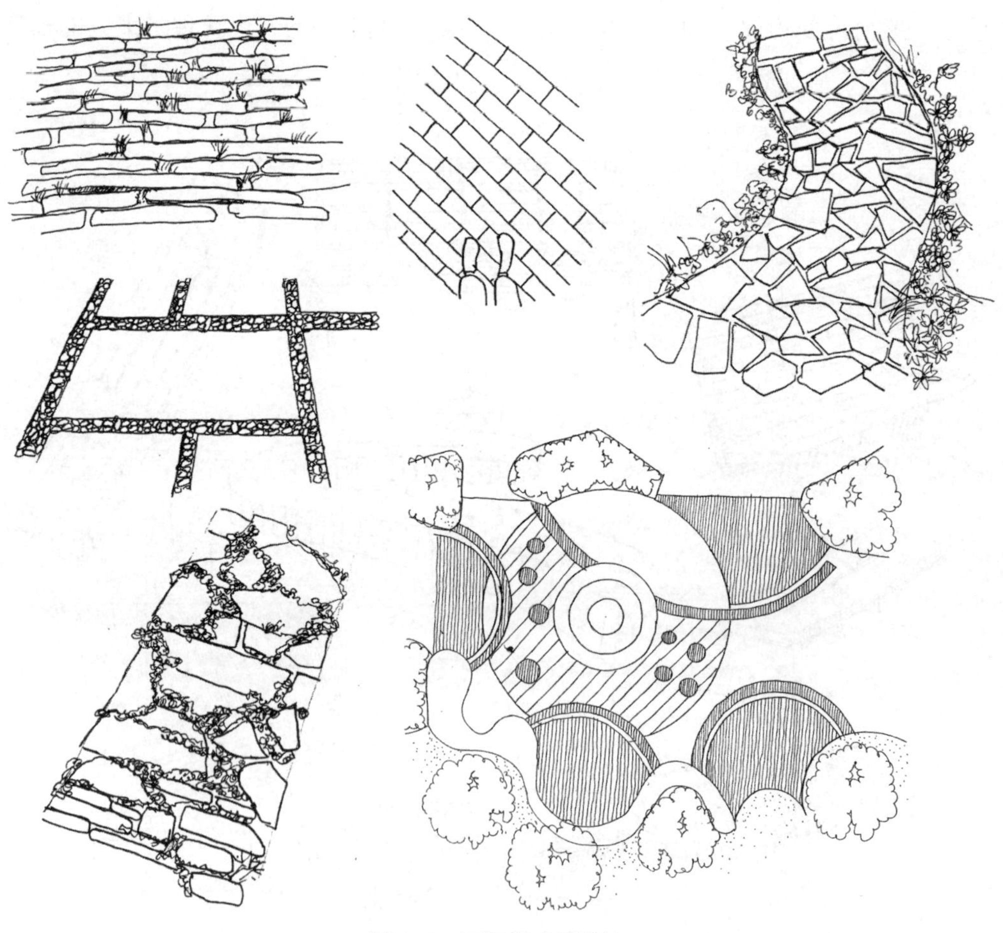

图 4-9　不同样式的铺地

4.2　形态偏好：曲线更受欢迎

环境的形态与颜色等因素可以影响我们在环境中的视觉体验，进而影响我们对环境的喜爱程度。现有研究表明，相比有棱角的形态，我们更喜欢由曲线构成的圆滑形态，例如有机形态，这可能由于棱角较为尖锐，容易造成威胁感[29, 30]（图 4-10）。相比斜线，人们更喜欢水平方向与垂直方向的线条[31]。流畅性理论（Fluency Theory）提出，易于人们理解的物体能够使人们更清晰地感知，因而更加受到使用者的喜爱[32]。相比斜线，正交方向的线条更容易理解。这一理论与开普兰夫妇提出的信息理论有相似的地方。纯粹接触效应理论（Mere Exposure Effect）指出，人们如果经常看到某一个形态，就更倾向喜欢这一形态[33]。也就是说，如果某一时期，城市开放空间设计中多用圆形作为基本形，设计师及一般使用者会更为频繁地看到圆形基本形，潜移默化中会受到影响，不自觉地提升对圆形的偏好度。设计师在未来的工作中，可能会更倾向于使用圆形，因而以圆形为基本形的城市开放空间可能会更多。这一理论能够部分解释为什么中国古代与西方古代运用截然不同的形态设计各自的建筑、景观与城市，但各自的设计风格都能经久流传。例如，中国古代建筑与园林样式从秦汉一直传承到明清，跨越千年，对当今的“新中式”设计也有较大的影响。而西方经典的柱式建筑也从罗马时期一直传承到现代社会。生活在一定地域与时期的民众，其审美会受到周围现有设计样式的极大影响。即使是现代社会中的城市开放空间设计，我们也会发现不同时期流行不同的形态，从圆形、长方形到不规则斜线形与有机形态等，这一现象也可用纯粹接触效应理论来解释。另外，在全球化的今天，世界各地的建筑与城市开放空间设计极大地趋同，我们需要深入思考怎样进一步传承与发扬中国古典的城市开放空间设计风格与样式，以弘扬中华文化。

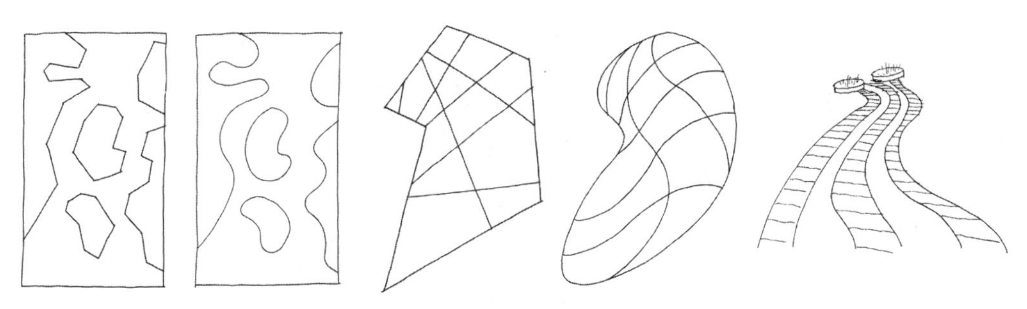

图 4-10　直线形与曲线形的相互转变

4.3 基本形态

城市开放空间的基本形态主要体现在两个层面。第一个层面是景观元素层面，即单一景观元素的形态，例如，同样是草坪，可以修剪成圆形，也可以修建成曲线形；可以将遮阳设施设计成三角形，也可以设计成矩形。第二个层面指不同元素的组织关系，即景观元素在布置时所遵循的“形态网格”。例如，在圆形广场上，休息座椅、构筑物与树林等元素都依与广场边界同心的圆形边界而布置；在矩形广场上，则可能依照正交方向来组织这些景观元素；斜线广场上则大多依照斜线来组织景观元素。总体说来，城市开放空间设计中主要存在八种基本形态，包括圆形、椭圆形、曲线形、有机形、矩形、折线形、三角形和斜线形（图 4-11）。这些形态各有特点，能极大地影响开放空间的视觉塑造与功能承载，也能影响使用者在城市开放空间中的感知、情绪与行为，因此需要深入探讨。

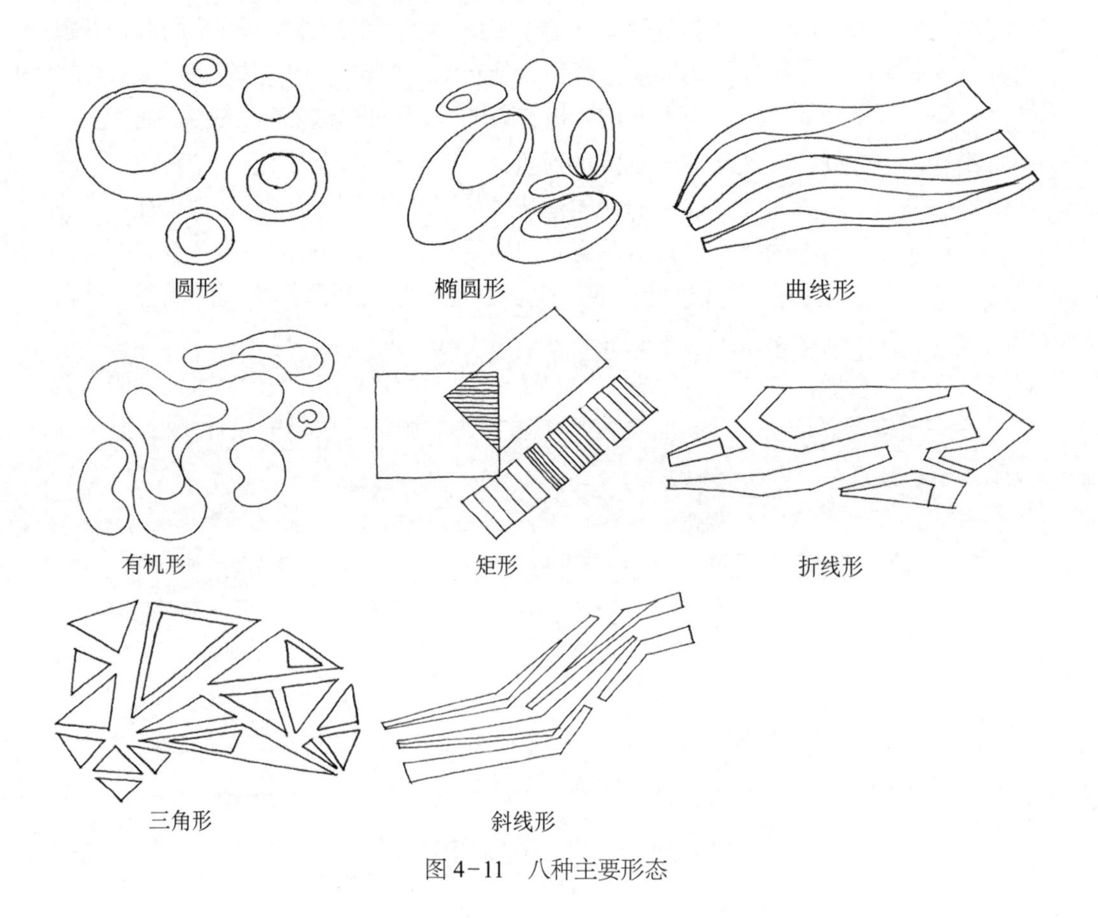

图 4-11　八种主要形态

4.3.1　圆形

在相同面积的图形中，圆形的边界最长，也就是说依其边界，可布置最多数量的景观要素。另外，圆形具有较强的向心性，能把使用者的注意力集中到中心区域。使用者站在圆形场地的边界时，可以很自然地产生相互间的视线交流，丰富视觉体验（图 4-12）。

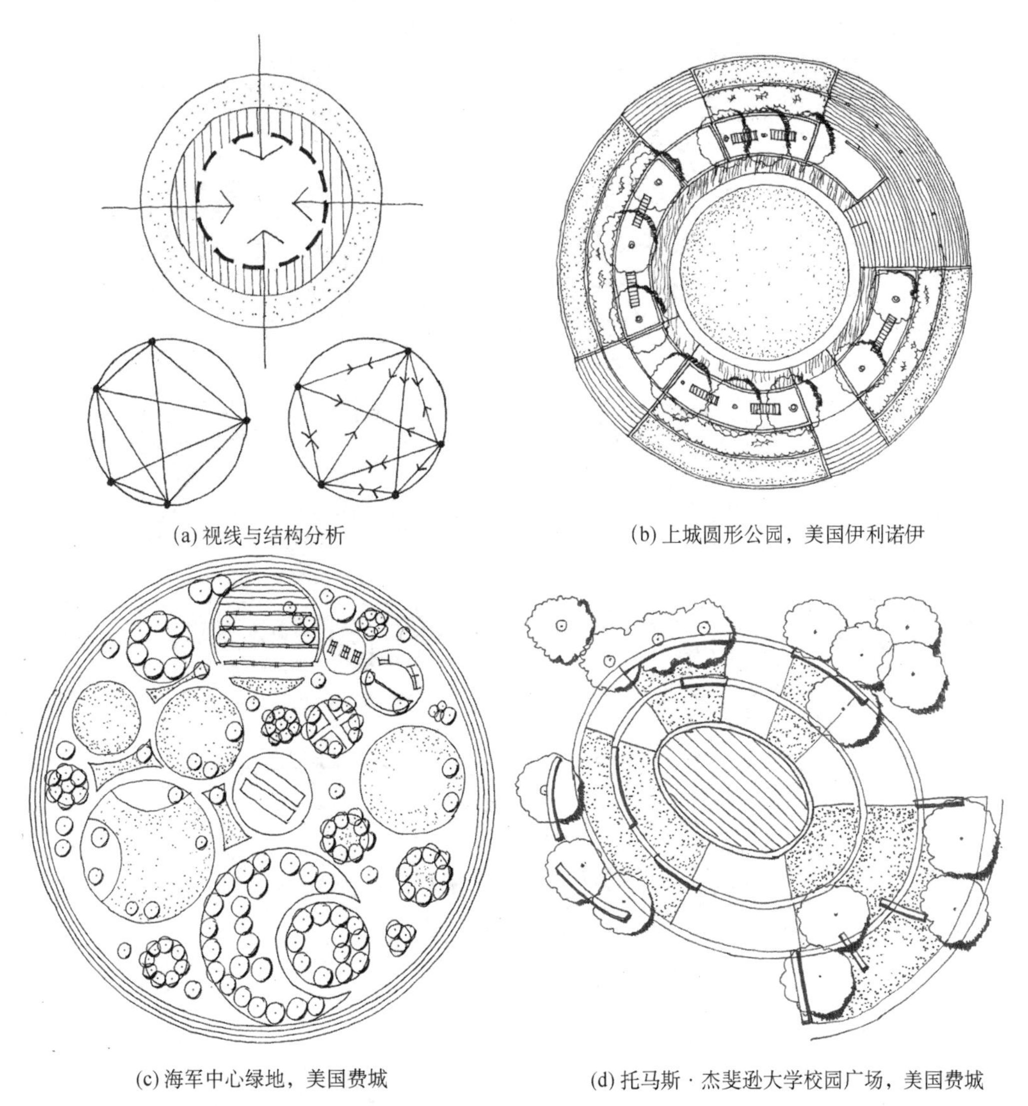

(a) 视线与结构分析　(b) 上城圆形公园，美国伊利诺伊

(c) 海军中心绿地，美国费城　(d) 托马斯 · 杰斐逊大学校园广场，美国费城

图 4-12　以圆形为基本形的开放空间设计 1

因此，圆形开放空间中的不同功能区多依照场地边界的同心圆边线布置。最中间圈层往往能集中主要视觉注意力，多为中心活动区域，例如硬质场地或草坪区域；第二圈层为多为停留区，布置座椅、矮墙等休息设施，游人可面向中心区域休息，观看中心活动区域中的活动；第三圈层往往为庇护区，主要由灌木与乔木组成，这一区域可使停留区的游人产生安全感，也能在视觉上限定开放空间的边界，避免外界干扰。美国伊利诺伊的上城圆形景观是利用圈层切割不同功能空间的典型案例（图 4-13）。

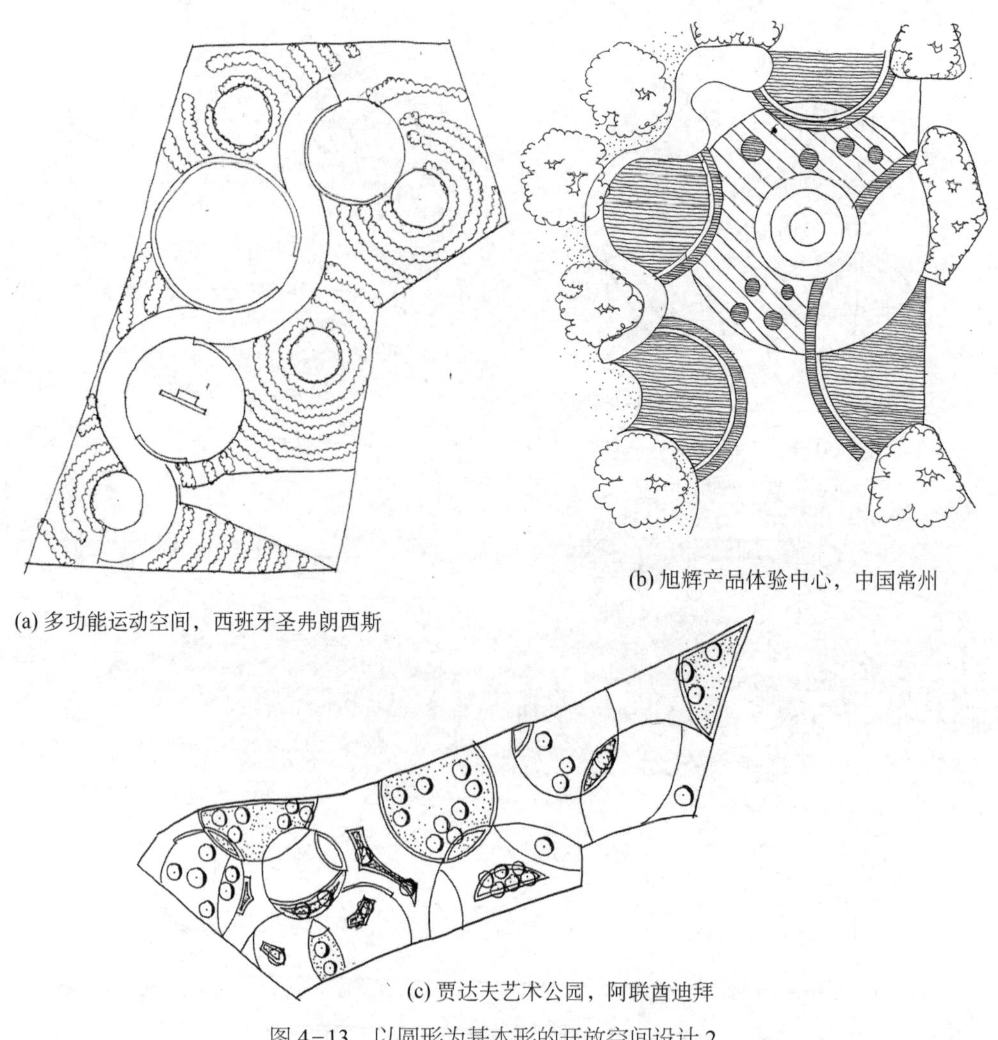

(a) 多功能运动空间，西班牙圣弗朗西斯

(b) 旭辉产品体验中心，中国常州

(c) 贾达夫艺术公园，阿联酋迪拜

图 4-13　以圆形为基本形的开放空间设计 2

圆形场地的交通主要依靠切线方向的通道解决，使游人能从场地外部进入各个圈层，例如美国费城的托马斯·杰斐逊大学校园广场。除此以外，圆形场地的布局也更为灵活，可多个场地并列布置。在美国费城海军中心绿地的设计中，设计师就尝试将每一个圆形活动场地看作一个独立空间，将其无规律地排布在大型圆形场地中。圆形场地剩余的空间便用于交通空间，使游人可以自由地穿梭在不同场地中。这一布局与传统的同心圆布置有所区别，既有较高的和谐性，又有较高的丰富度。和谐性体现在所有场地都是以圆形为基本形，形态非常一致；丰富性体现在各个圆形的大小均不相同，且布局上没有明确的规律，富有变化。基于第 2 章提到的自然环境偏好理论的理解—探索模型，这一设计有较强的一致性与丰富度，可为理解与探索行为提供足够信息，因而深受喜爱。西班牙圣弗朗西斯的多功能运动空间中，利用多个圆形串联运动空间，绿篱的形态采用同心圆的形式，也增加了空间的和谐度。在迪拜贾达夫艺术公园的设计中，设计师则采用不同圆形相互交叠的设计手法，限定出活动场地与步行通路。

4.3.2　椭圆形

与圆形相似，椭圆也具有较强的向心性，因而不同景观元素也多依同心椭圆布置，例如上海的徐家汇公园入口广场。由于长轴与短轴长度不同，椭圆场地往往可划分成多个中心活动区域，这些活动中心的半径各异，可承载不同规模的游憩活动，从而创造多样的体验。例如，美国纽约长岛猎人点南公园的草坪为椭圆形，向心性较正圆形弱，可形成不同的活动中心（图 4-14）。而上海徐家汇公园入口的椭圆形广场则通过放置花池与座椅进一步划分空间，引导游人在第二圈层休息。

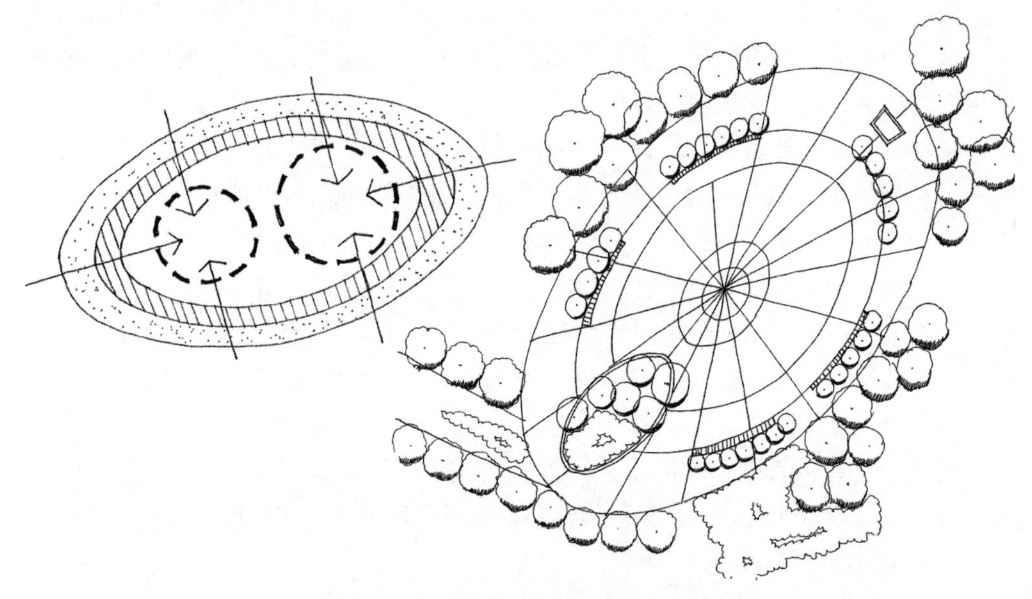

(a) 徐家汇公园入口广场，中国上海

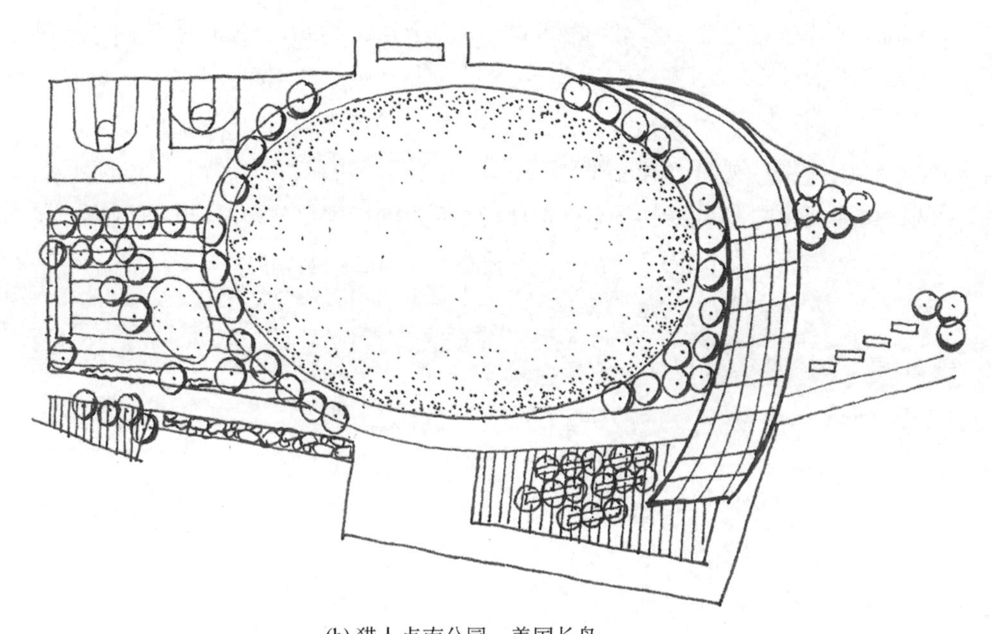

(b) 猎人点南公园，美国长岛

图 4-14　以椭圆为基本形的城市开放空间设计

4.3.3　曲线形

曲线具有多变的视觉与空间特性，能为使用者提供不断变化的视觉与空间体验，因而被大量应用到城市开放空间的设计中。例如，当使用者行走在曲线道路上时，其行走方向处于不断的变换中，随着面部方向的不断变化，视线方向也一直变换，可自然而然地从各个方向欣赏自然景观，从而获得不断变化的视觉体验。相反，走在直线形园路上时，行走方向保持一致，视线方向也不变，看到的景色趋向一致。曲线形态能创造更多的围合感，按曲线布置绿篱，可形成较为独立的空间，为使用者提供较为安定的休息场所。泰国曼谷 SCG 总部的曲线园路与绿篱穿插，形成了极强的韵律感，而美国达拉斯太平洋广场上的曲线园路则引导游人不断变换视线方向，获得较为丰富的视觉体验（图 4–15、图 4–16）。美国芝加哥水岸公园中，设计师利用曲线道路连接公园中的不同场地，较为有效地分割了空间。

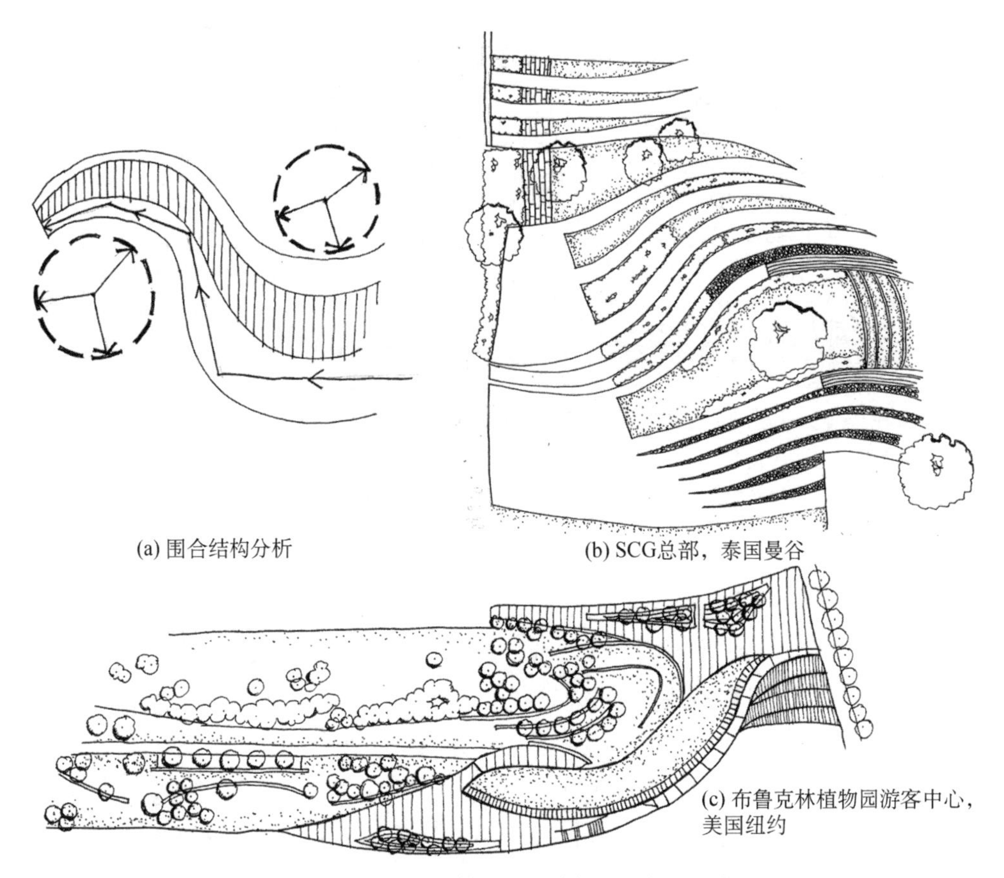

图 4–15　以曲线为基本形的城市开放空间设计 1

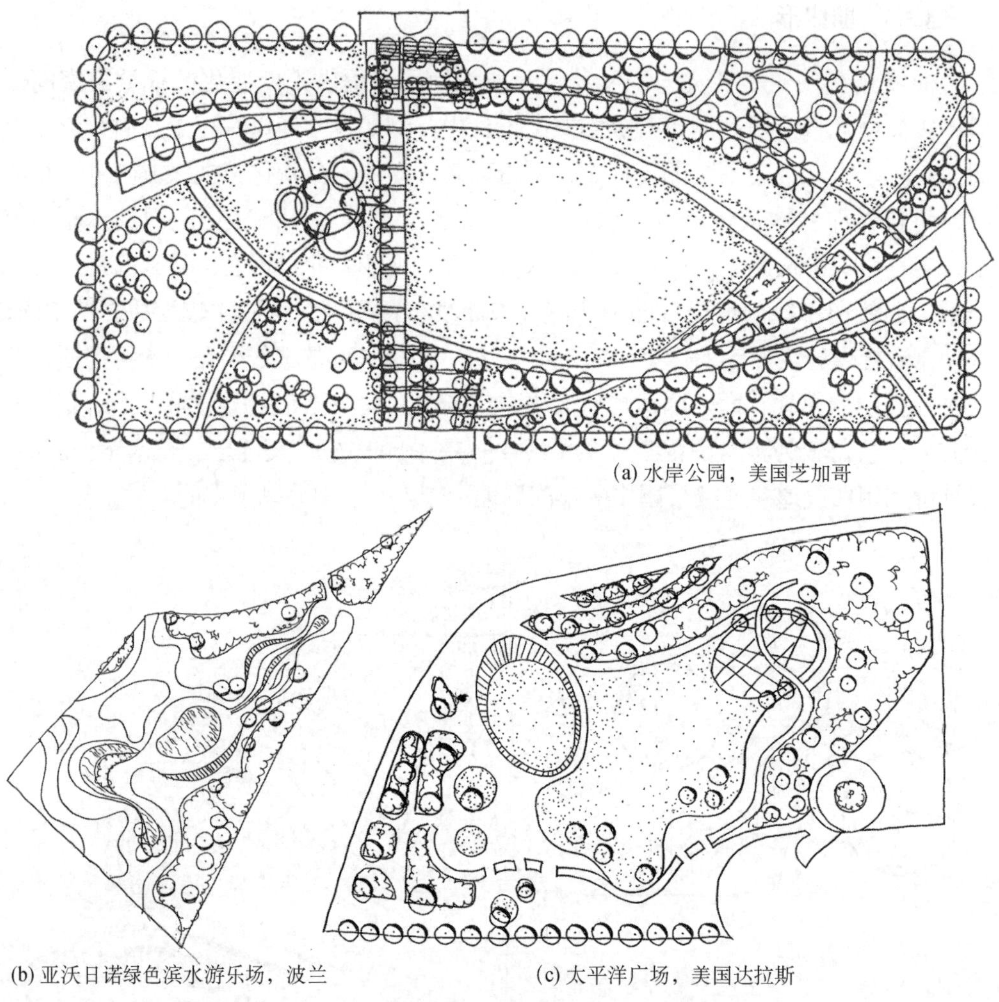

(a) 水岸公园，美国芝加哥

(b) 亚沃日诺绿色滨水游乐场，波兰

(c) 太平洋广场，美国达拉斯

图 4-16　以曲线为基本形的城市开放空间设计 2

4.3.4　有机形

有机形大多由多条不规则曲线组成，可看作是由不同圆弧与曲线组成的。有机形既具有一般曲线拥有的特征，也有更大的灵活性。例如，有机形可创造多个大小不一的围合空间，供使用者活动与休息（图 4-17）。丹麦哥本哈根的拉盖楚塞彩色庭院就利用有机形态分割出不同的休息区域与活动区域，空间上限定明确，视觉上既丰富又和谐统一。而武汉园博会的设计中，修建了有机形态的绿篱，从而围合出大小不一的休息空间。因能随使用需求改变形状与大小，有机形态也被广泛应用到景观小品的设计中，例如休息平台、餐桌与座椅等。德国索林根的市政广场就利用有机形修建休息平台。

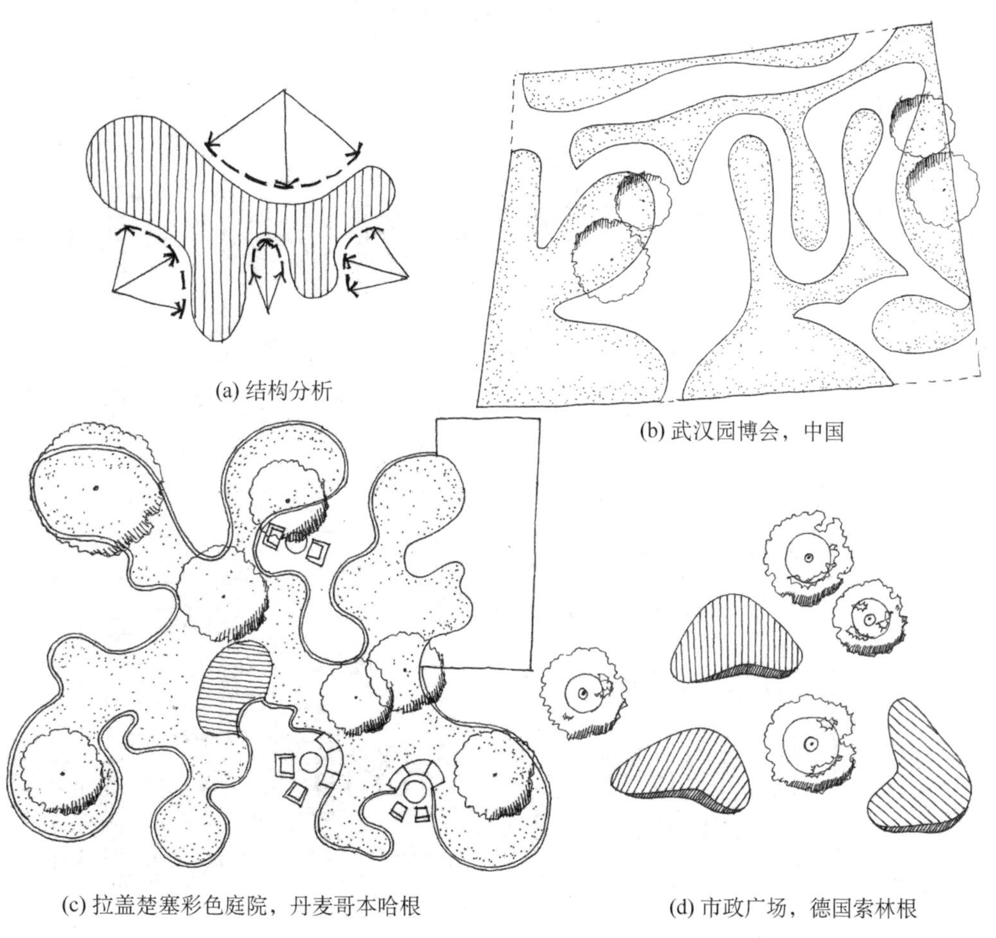

(a) 结构分析

(b) 武汉园博会，中国

(c) 拉盖楚塞彩色庭院，丹麦哥本哈根

(d) 市政广场，德国索林根

图4－17　以有机形为基本形的城市开放空间设计

4.3.5　矩形

矩形的形态较为规整，能形成完整的块状空间，承载多种活动，因而被大量应用到草坪、绿篱、水体与铺装的设计中。值得一提的是，矩形不太容易与其他曲线或圆形协调，因而在设计中多与各种形态和大小不一的矩形共同存在。从布局上来说，多种矩形要素并列放置，正交分割空间的情况比较多见。例如，在美国达拉斯的纳什雕塑公园中，设计师就通过布置矩形草坪、水池、绿篱与园路创造了多样的景观空间。在矩形设计中穿插斜线形设计可丰富使用者的空间与视觉体验。例如美国波士顿 D 街区文化草坪的设计，在矩形草坪中，通过穿插斜线形的路径与构筑物打破了矩形较为单一的视觉体验（图 4-18、图 4-19）。

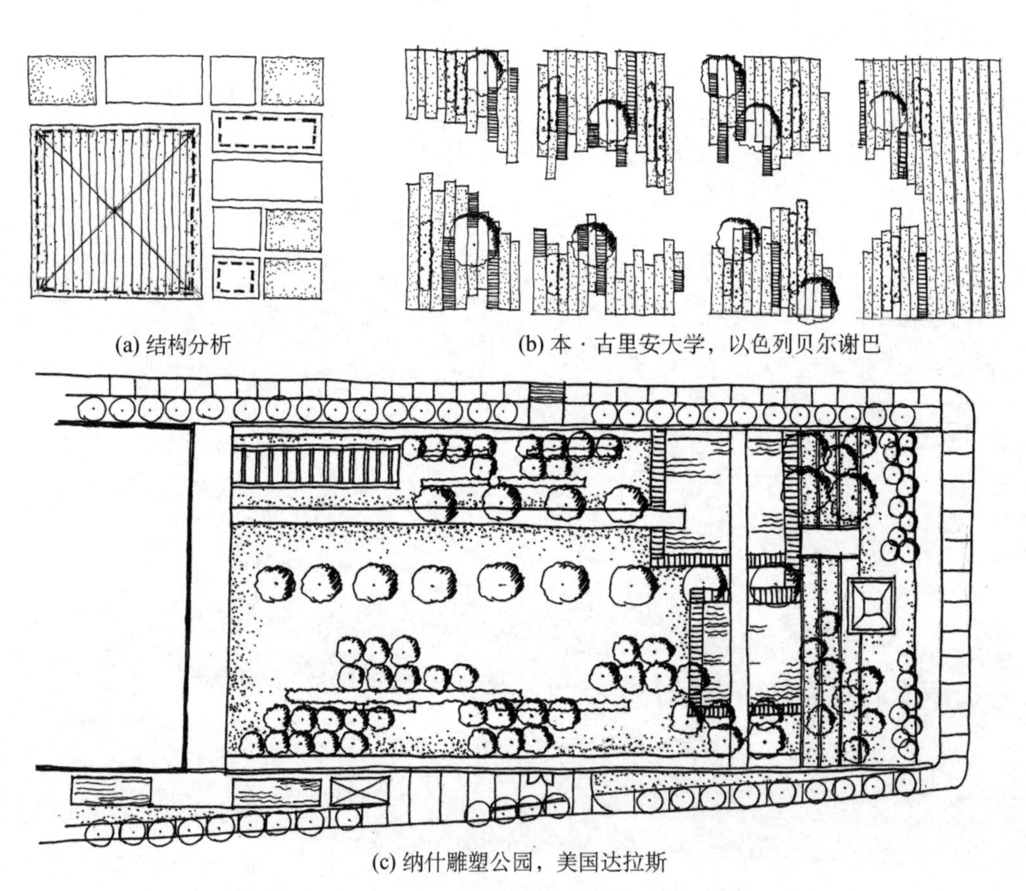

(a) 结构分析

(b) 本 · 古里安大学，以色列贝尔谢巴

(c) 纳什雕塑公园，美国达拉斯

图 4-18　以矩形为基本形的城市开放空间设计 1

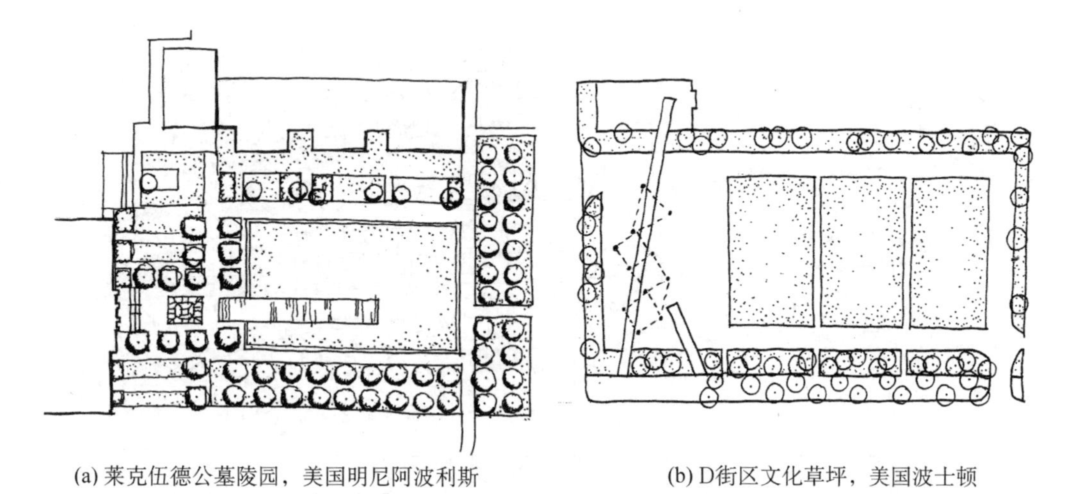

(a) 莱克伍德公墓陵园，美国明尼阿波利斯　　(b) D街区文化草坪，美国波士顿

图 4-19　以矩形为基本形的城市开放空间设计 2

4.3.6　折线形

折线形指以斜线围合出的不规则多边形。与有机形相似，折线形可按照不同需求，形成大小、功能不同的空间来承载各种活动，例如美国波士顿的麻省艺林与设计学院广场与曼哈顿的下东区社区花园等（图 4-20）。另外，不规则形也能形成围合感较强的空间，增加空间的私密性，吸引游人在其中休息。例如，加拿大多伦多的四季酒店与社区就利用不规则形的绿篱分割空间，使游人在其中行走时获得独特的视觉体验。美国罗利的摩尔公园也大量应用不规则形的草坪、绿篱、树池与广场分割场地，形成多样空间。

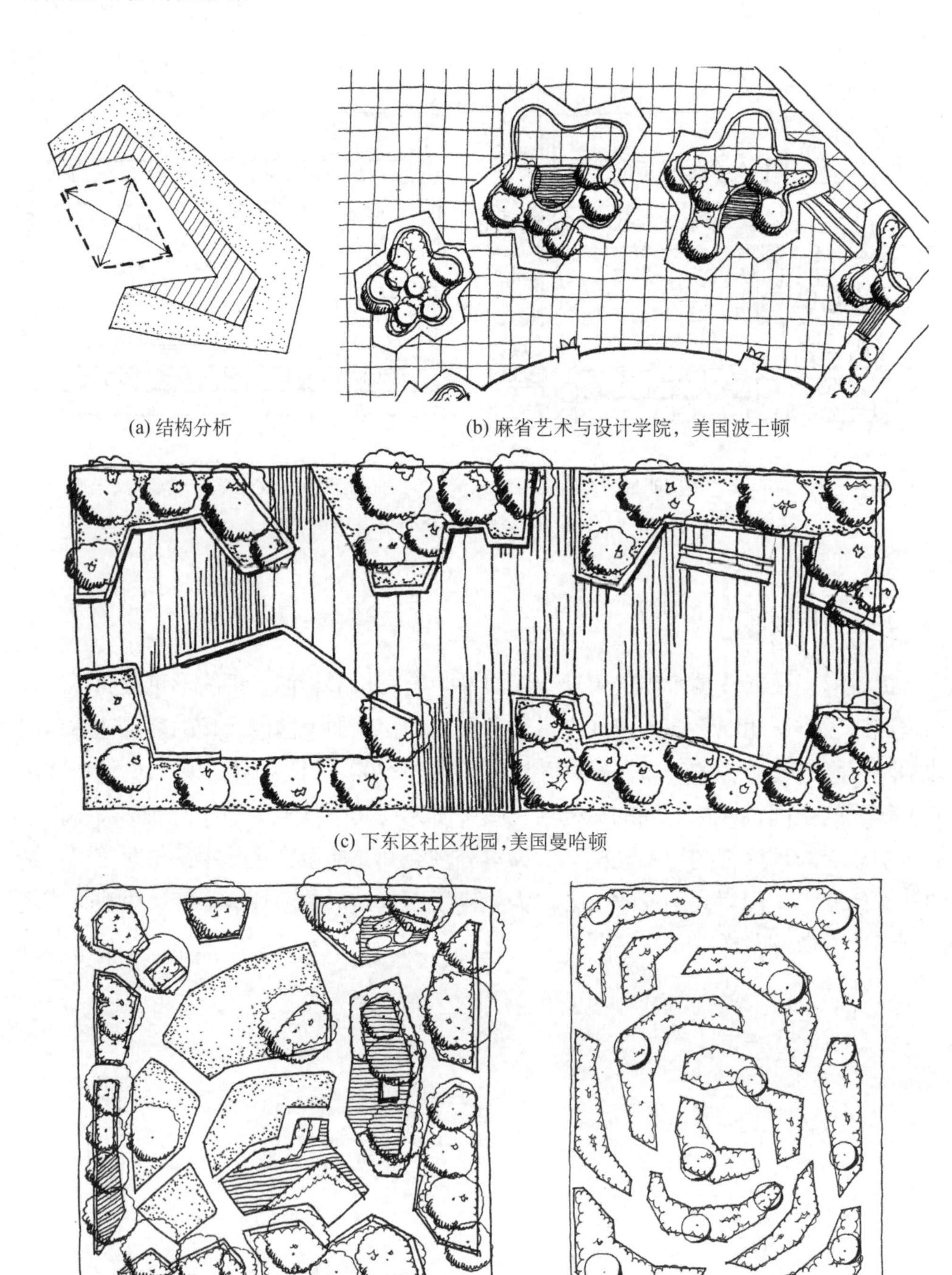

(a) 结构分析

(b) 麻省艺术与设计学院，美国波士顿

(c) 下东区社区花园，美国曼哈顿

(d) 摩尔公园，美国罗利

(e) 四季酒店与社区，加拿大多伦多

图 4-20　基于不规则形的城市开放空间设计

4.3.7　三角形

城市开放设计中，三角形是应用较少的一种形态。三角形的尖角易对使用者产生较强的视觉冲击力，且空间不规则，很难承载活动。现有设计中，多利用三角形形成高低起伏的表面，使其斜面能够为使用者提供休息场所或种植花木。例如亚美尼亚埃里温的图墨公园中，设计师设计多个三角形的小平台与草坪，相互连接形成变化多端的起伏广场。在巴西的圣路易斯历史中心区振兴项目中，也采用了较多的三角形与不规则形，分散排列，划分活动空间与交通空间（图 4-21）。

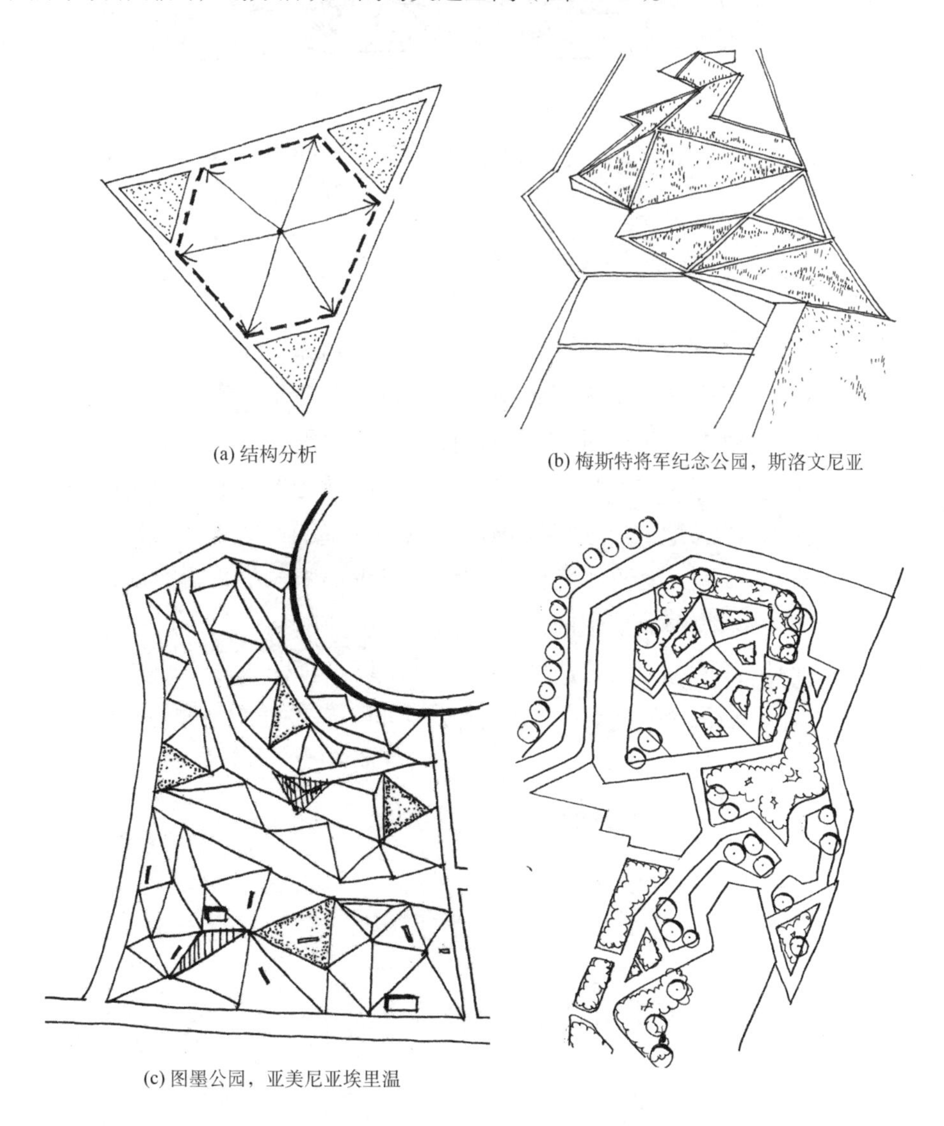

(a) 结构分析

(b) 梅斯特将军纪念公园，斯洛文尼亚

(c) 图墨公园，亚美尼亚埃里温

(d) 圣路易斯历史中心区振兴项目，巴西

图 4-21　基于三角形的城市开放空间设计

4.3.8　斜线形

在城市开放空间设计中，斜线具有很强的引导性，能够引导游人的视线与行走方向。不同于交于同一个灭点的平行线，斜线向多个方向延伸，能够混淆透视域中的灭点，使游人产生视觉的不确定性，印象深刻。尤其是多个不同方向的斜线共同使用时，具有较强的视觉冲击力。例如美国芝加哥的玛丽巴特莫公园中就利用长直斜线分割场地，形成横穿场地的主要交通道路（图 4-22）。斜线也常用于台地或台阶的线型，互不平行的斜线可形成大小不一的平台空间，营造多样的停留空间。例如，德国波茨坦的友谊公园中，设计师利用斜线形成大小不一的草地空间，供使用者休息。而希腊塞萨洛尼基广场与美国塞勒姆州立大学的设计中，设计师利用斜线组织广场上的铺地与休息空间，有较强的引导性与视觉冲击力（图 4-23）。

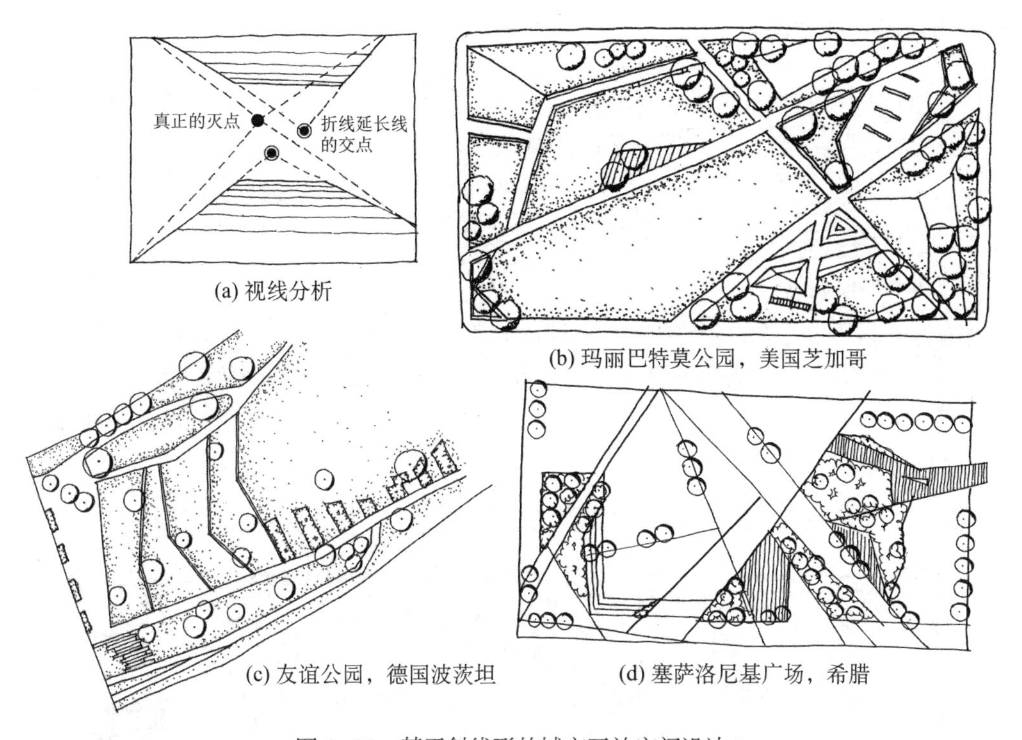

(a) 视线分析

(b) 玛丽巴特莫公园，美国芝加哥

(c) 友谊公园，德国波茨坦

(d) 塞萨洛尼基广场，希腊

图4-22　基于斜线形的城市开放空间设计1

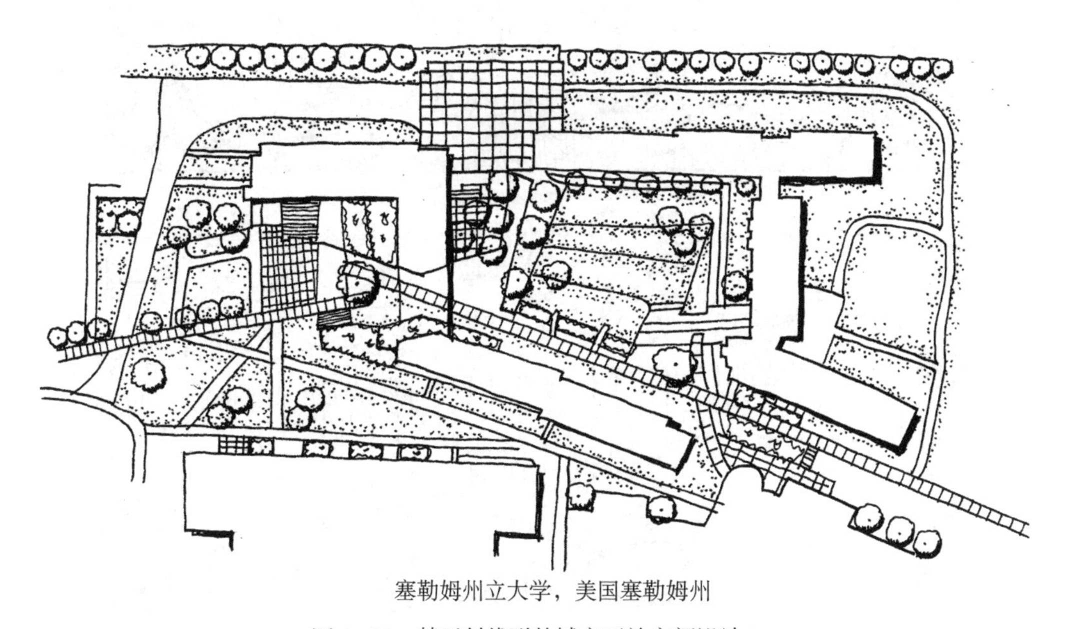

塞勒姆州立大学，美国塞勒姆州

图4-23　基于斜线形的城市开放空间设计2

4.4 形态间的转换

在维持城市开放空间基本要素与结构不变的前提下，各种基本形态是可以自由转换的。例如，可将有机形态的花池转变为折线形，或是折线分割的园路转变为有机形（图 4-24）。这些转变通常不影响城市开放空间的使用，但能改变使用者的视觉体验及对空间的感知。例如，以曲线为主的空间比较柔和，而折线空间则更富现代感。城市开放空间的流行形态也随时间不断变化，从 20 世纪七八十年代的圆形与矩形到更富现代感的长直线与有机形。另外，景观元素的形态能够影响空间围合感与活动承载，在设计中需要仔细推敲。例如，将花池设计成单个椭圆，可以在椭圆周边设计座椅；将椭圆变形为一大一小的有机形，即可形成两个内凹的休息空间，私密性较强；而如果将其替换成三个部分，又能增加一个私密性较强的空间。从某种意义上来说，设计中的形态除了可影响使用者的视觉体验外，也可极大地影响感知与行为（图 4-25）。

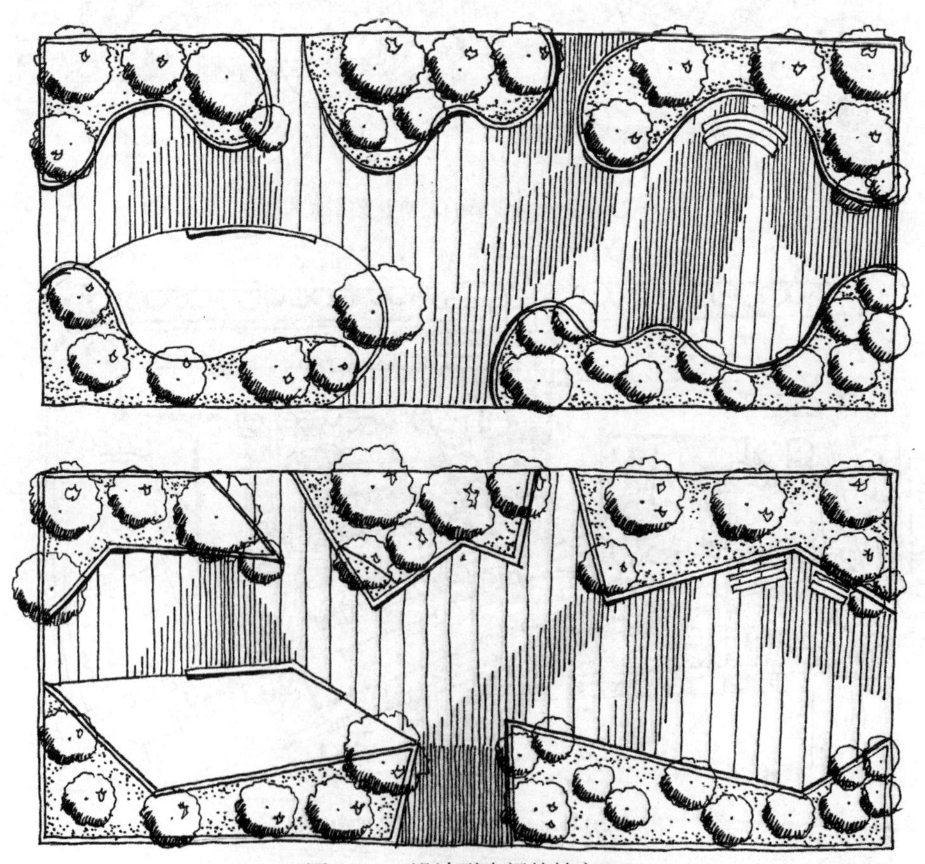

图 4-24　设计形态间的转变 1

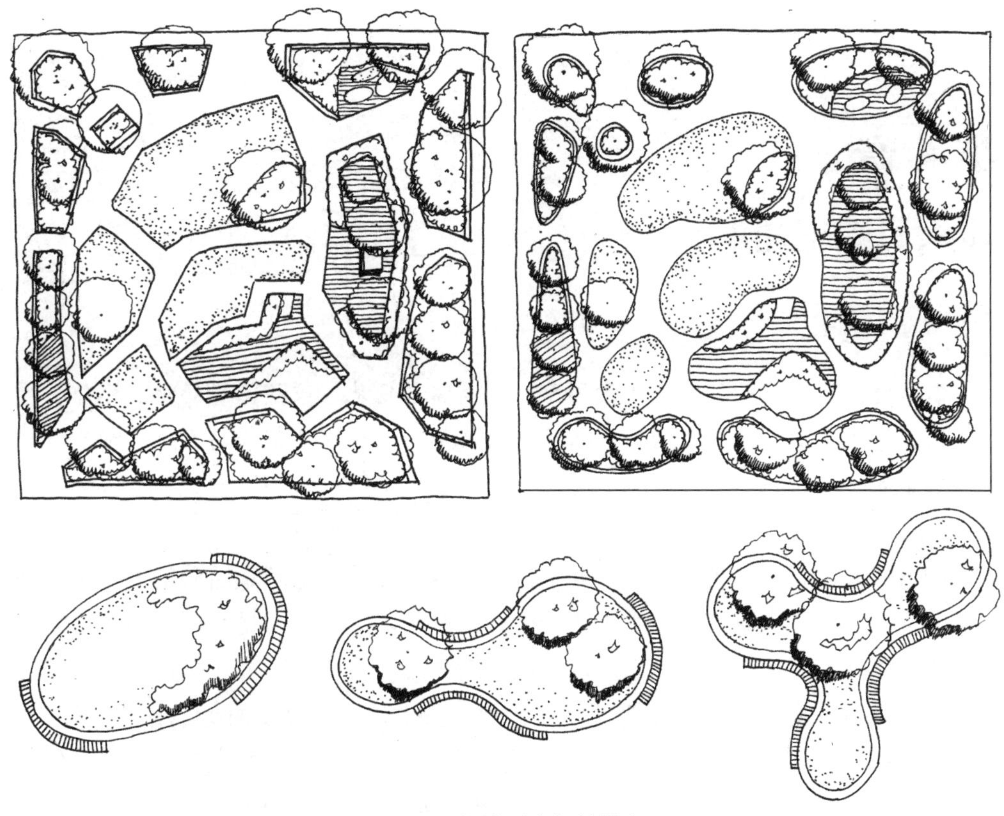

图 4-25　设计形态间的转变 2

第 5 章
基本功能空间

本章将介绍城市开放空间中的园路、硬质休息场地、硬质活动场地、水体、草坪及树林等主要基本功能空间，并基于手绘实例，讨论这些空间的尺度、形态、视觉焦点等方面。

城市开放空间中的基本功能空间指拥有明确边界的、能承载活动的最基本的独立环境。例如，游步道可承载散步这一活动，有明确的边界，是重要的基本功能空间。相似的是，放置座椅的休息广场可以承载休息与聚会的功能；水体可作为视觉吸引物被观赏，也能承载划船等活动；草坪可提供球类活动、野餐与聚会的场地，这些空间都具有某种基本功能。城市开放空间中的基本功能空间主要有六种，包括园路与游步道、硬质休息场地、硬质活动场地、水体、草坪与树林（图 5-1）。

5.1 园路与游步道：尺度、形态、功能、布局、围合感

园路与游步道是城市开放空间最重要的组成部分。作为线性游赏空间，园路与游步道能引导游人在室外空间按照一定路线观赏，其选线与设计能直接影响游人的视觉体验与空间体验，并将游人引导至景色优美的重要景点。一般来说，主要园路的宽度在 3 米以上，次级园路的宽度在 2 米左右，小径的宽度在 1.5 米左右（图 5-2）。对于大型的或有纪念意义的开放空间，有些重要园路有 4～5 米宽。设计师往往利用主园路将主要景点串连起来。游人通常也认为较宽的园路为主园路，期待主园路上有最为优美的风景，因此倾向于沿着主园路在开放空间中漫步。尤其是环状的主园路，往往是公园中使用频率最高的场所。相比主园路，次园路宽度较窄，能塑造更强的空间围合感，使用者也少一些，相对安静，使游人可以享受更为安静的散步环境。

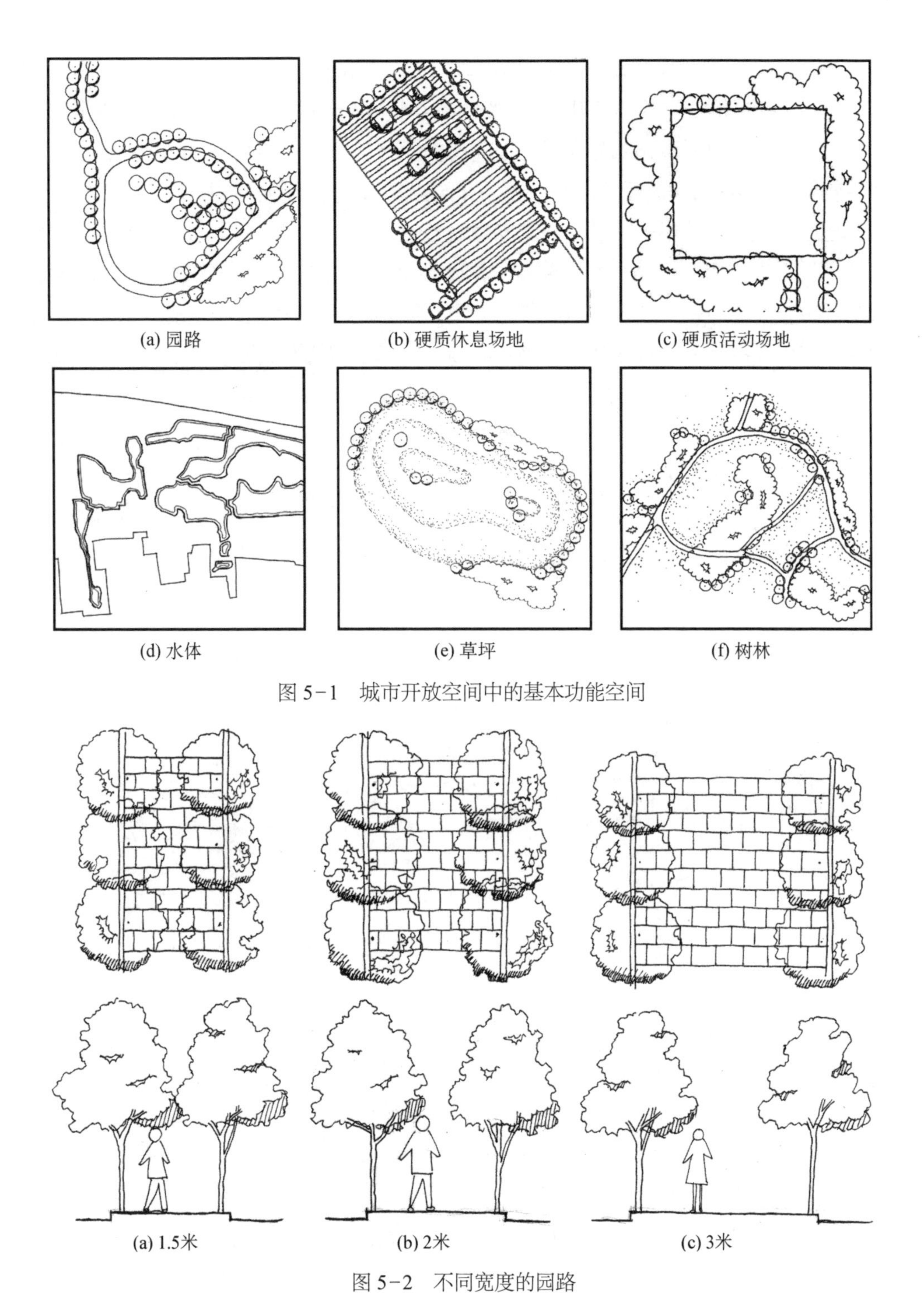

图 5-1　城市开放空间中的基本功能空间

图 5-2　不同宽度的园路

从形态上来说，园路可分为直线形与曲线形（图 5-3）。直线形园路的边界由互相平行的直线组成，曲线形园路边界通常是互相平行的曲线。在直线形园路上行走时，游人的视线可沿园路的方向延伸而无遮挡，直接可望向园路尽端的景点，因此引导性较强。而走在曲线园路上时，游人的行走方向随着曲线园路的方向不断变化，视线也随之变化，可从不同的视角与方向观赏景色。再加上周围树木与构筑物对视线的遮挡，游人很难看到道路尽头，视野里的景色会不断变换，产生较强的“移步异景”感受。走在曲线园路上的视觉体验更为丰富，通常比走在直线园路上的一览无余更吸引人。这也可以部分解释为什么中国古典园林多采用曲线形园路而几乎不使用直线形园路。走在曲线园路上，前进方向与视线中的景物不断变换，可很好地增强空间感，让游人觉得本来不大的私家园林充满各种不同的景观，有更大的面积。现代设计也常常使用折线形园路，折线形园路既可以提供不断变化的视觉体验，又结合了直线形园路与曲线形园路的特点。同时，如前文关于折线形园路的论述，折线形园路的斜线往往与常规直线形园路的灭点不一致，有更强的视觉冲击力与吸引力。

图 5-3　不同形态的园路

从形态布局上来说，大型城市开放空间的路网主要有放射直线形与环状曲线形两种。直线形园路用直线连接景点，较为直接。主要景点往往与许多其他景点相连，因此平面布局上多呈放射状，例如英国伦敦的海德公园（图 5-4）。环状曲线形园路则利用曲线连接主要景点，形成闭环。当游人沿着主园路行走时，可游览公园中的主要景点，而不用走回头路。例如美国纽约中央公园的路网就是由大大小小的环状路构成的。在功能上，园路及周围空间主要承担三种功能，包括通行、休息与植物布置，按不同组织方式组织这三种空间便可形成不同的园路样式（图 5-5）。

例如，可将通行空间布置在中央，两边间隔布置座椅与灌木，形成常见的林荫路；可将通行空间布置在中央，两侧先布置绿化空间作为分隔，再布置座椅等休息空间，这样可以创造更为私密与安静的休息空间；也可将主要通行空间放置在一侧，另一侧布局休息空间与绿化空间，使休息空间更为独立。园路路网主要由一级路网、二级路网与三级路网组成，不同级别的路网宽度不同，相互交织，为游人创造多样的游赏体验。

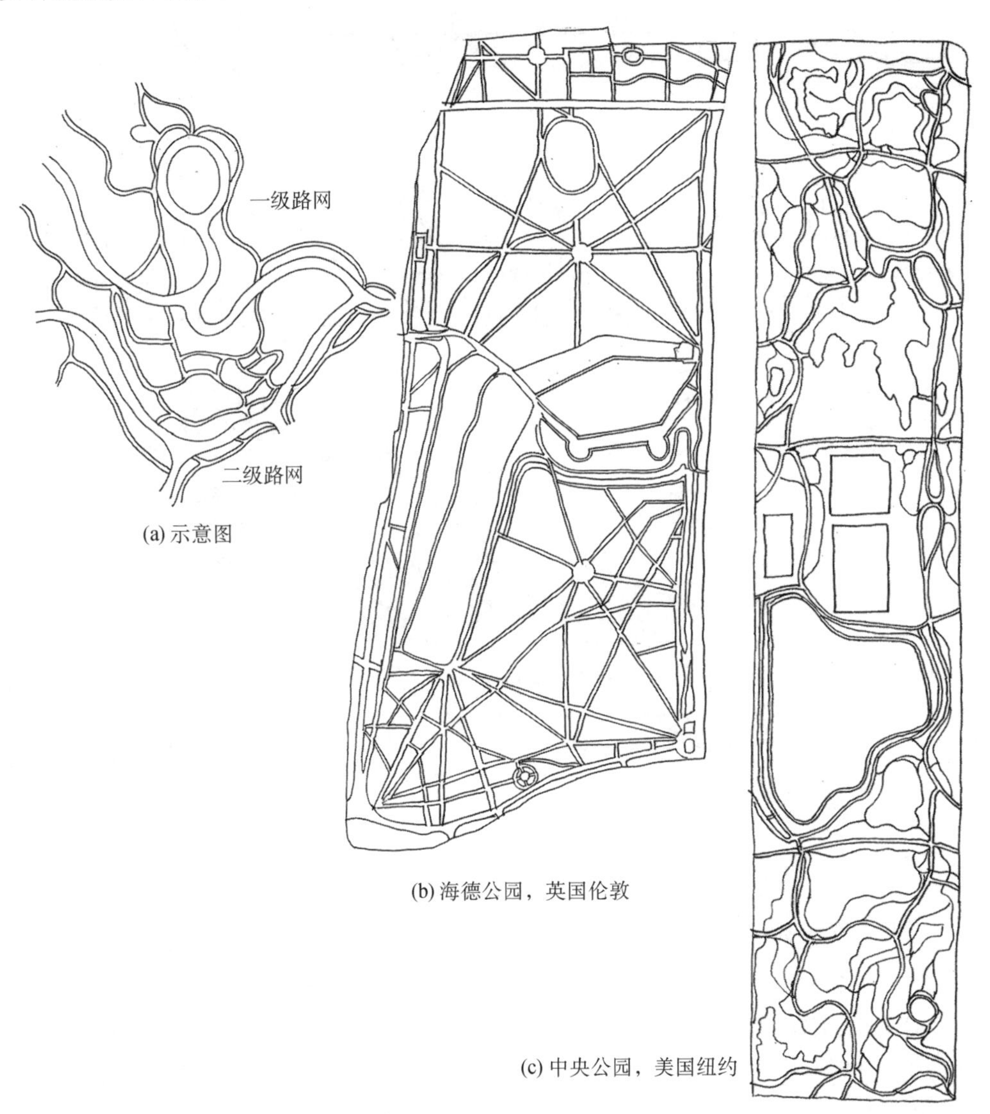

(a) 示意图

(b) 海德公园，英国伦敦

(c) 中央公园，美国纽约

图 5-4　园路的总体布局与细节布局

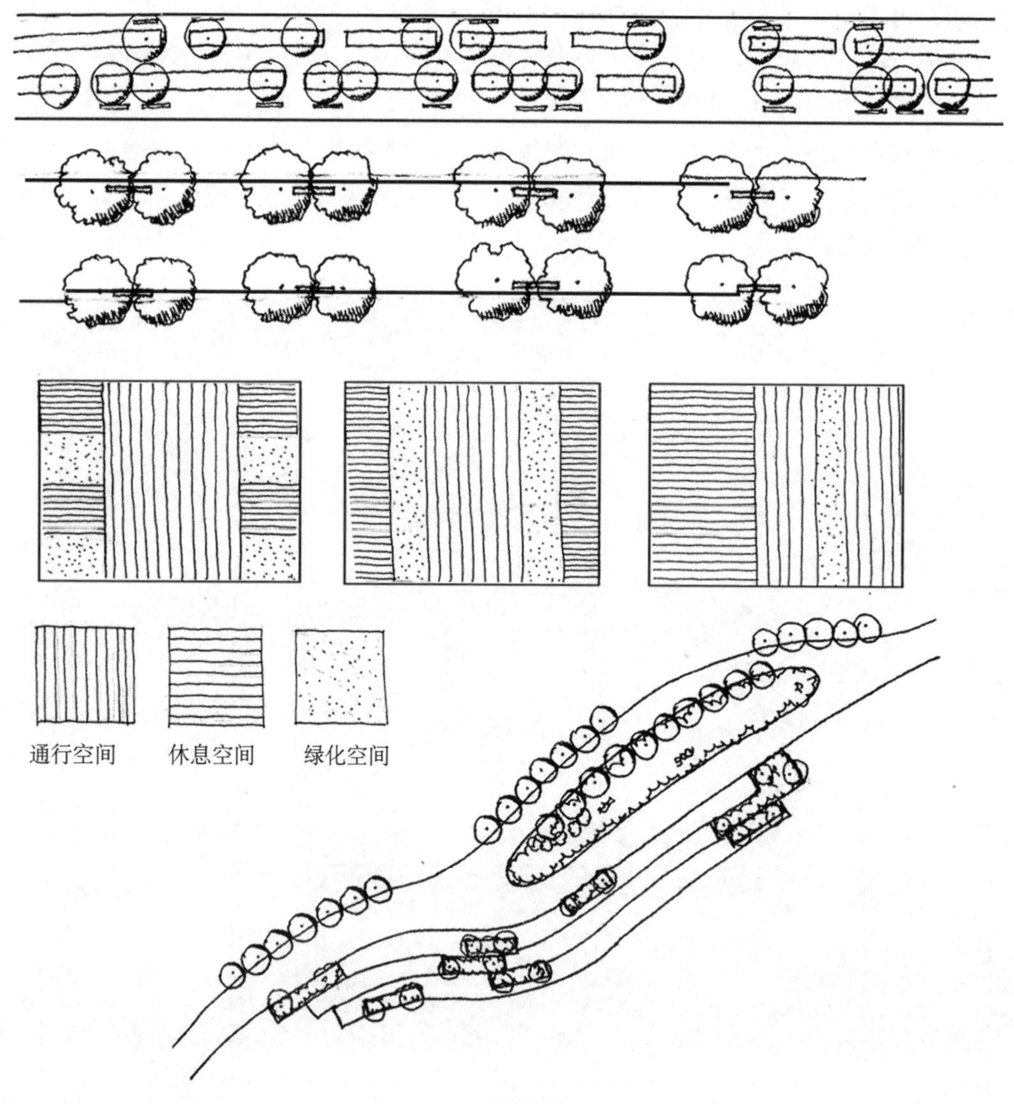

图 5-5　园路的组织方式

园路通常边界互相平行，也就是说园路的宽度一致。有些园路的边界互不平行，例如互不平行的斜线组成边界（图 5-6）。游人在这些园路上行走时，可以感觉到园路宽度不断变化。除了通行的空间外，在较宽的位置上也可设置座椅以供游人休息，但宽度变化的园路多用于较短的路径，较长的园路主要用于引导游人的游线，变换宽度可能会削弱其引导性。

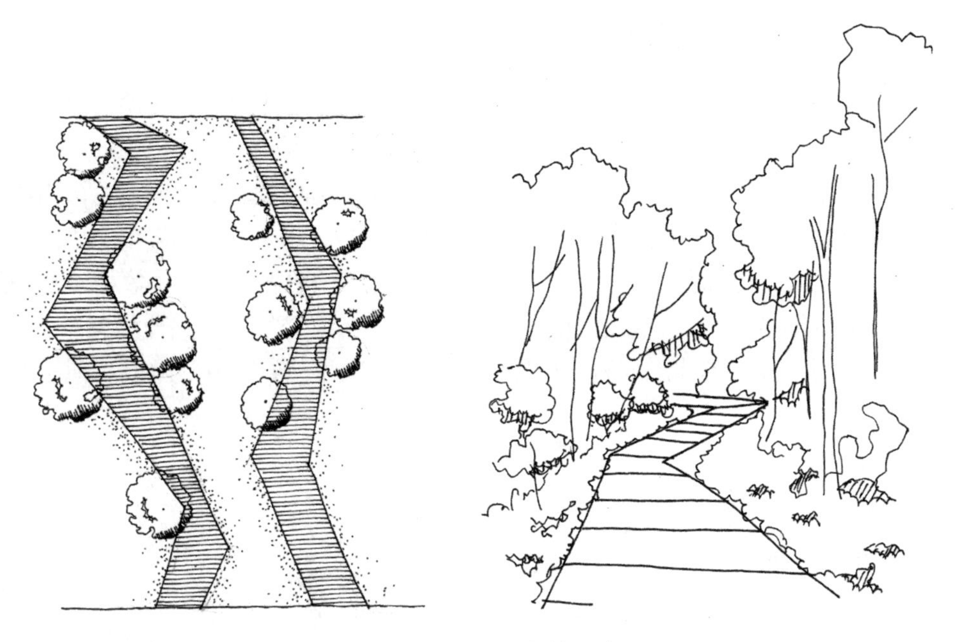

图 5-6　边界不平行的园路

园路的围合感可以极大地影响游人的空间与视觉体验。如果园路周围种植较为茂密的树木，游人的视线会在各个方向受到限制，产生较强的围合感。而如果园路一侧或两侧的树木较为稀疏，两边的空间较为开敞，行走在其上时就能看向远方，拥有较为开敞的视野（图 5-7）。环境心理学研究表明，人们更喜欢开敞的空间，这也是我们喜欢在宽阔的江边或草坪周围散步的原因。

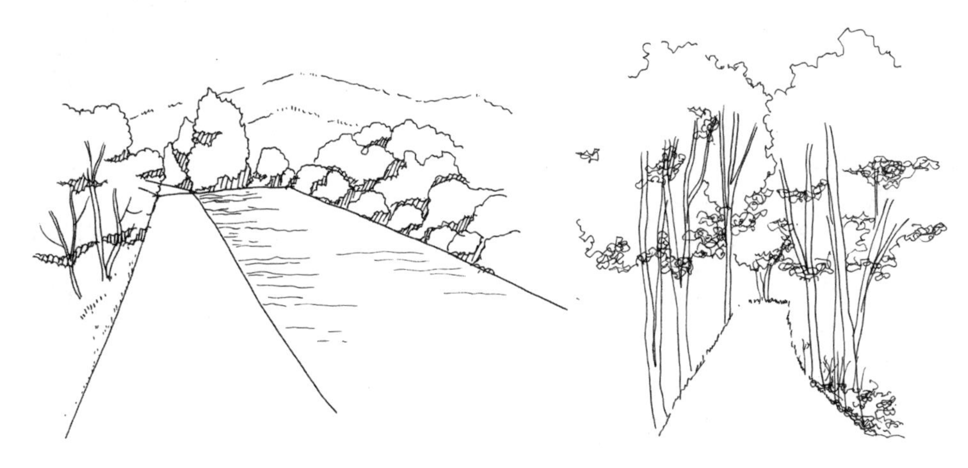

图 5-7　不同园路的围合感

5.2 硬质休息场地：规模、限定、设施

游人们通常希望在景色优美的地方休息，因此，在设计中需要为使用者提供休息空间。除了草坪外，为方便使用，休息场地通常铺有地砖，形成硬质休息场地。按不同尺度来说，休息场地可分为小型场地与大型场地两种。小型场地通常由绿篱围合，内设座椅等设施，供小规模人群使用（图 5-8），例如上海黄兴公园中的小型休息空间。大型场地往往设有较多的座椅，可供更多使用者使用。小规模休息场地通常由绿篱或矮墙分割，或布置在树林中，因此私密性较好，如瑞典的阿宁格-乌尔纳河岸公园。大规模休息场地一般较为开敞，使游人与周围的道路或其他场地上

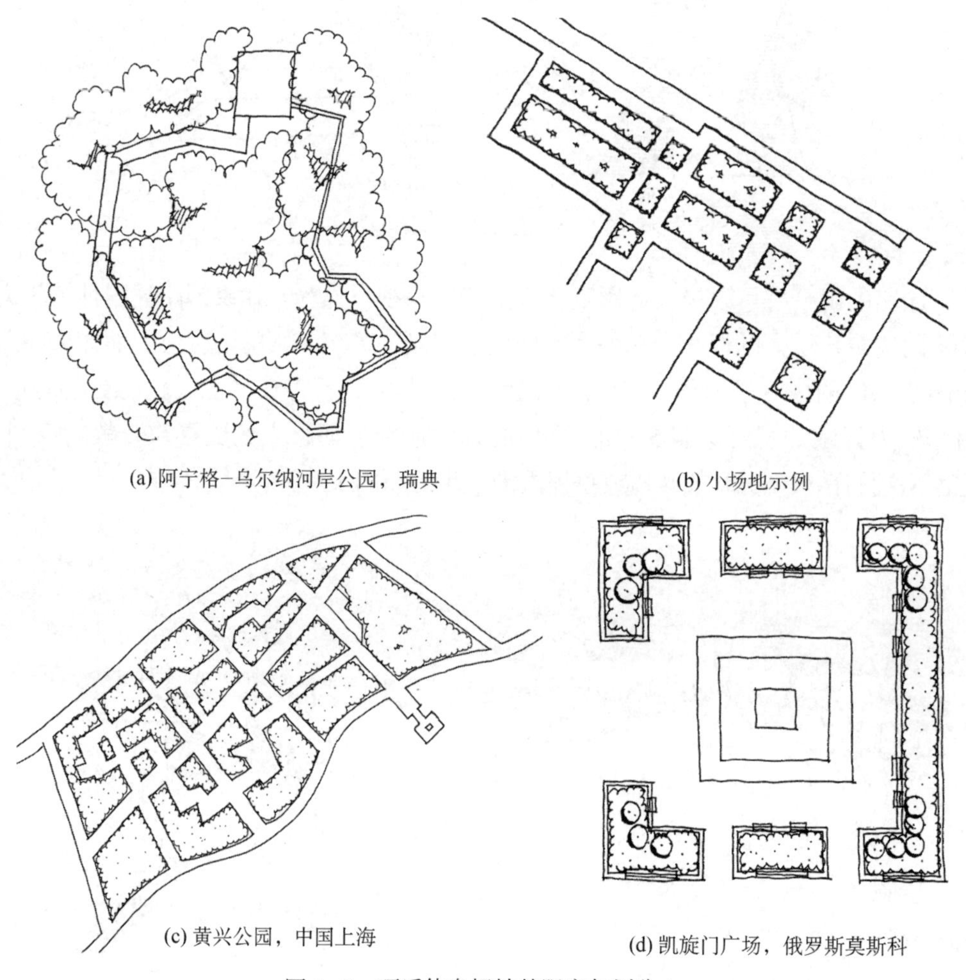

(a) 阿宁格-乌尔纳河岸公园，瑞典

(b) 小场地示例

(c) 黄兴公园，中国上海

(d) 凯旋门广场，俄罗斯莫斯科

图 5-8 硬质休息场地的限定与划分 1

的人产生密切的视线交流。因此，当游人在使用道路或是其他场地时，可以很方便地看到这一休息场地，场地也就吸引更多的人使用，在休息场地的设计中，绿篱既起到了分割空间的作用，又能有效地隔绝视线，营造较强的围合感。同时，颜色不同的铺地也能很好地分割空间，划分出休息场地的边界，供游人休息（图 5-9）。

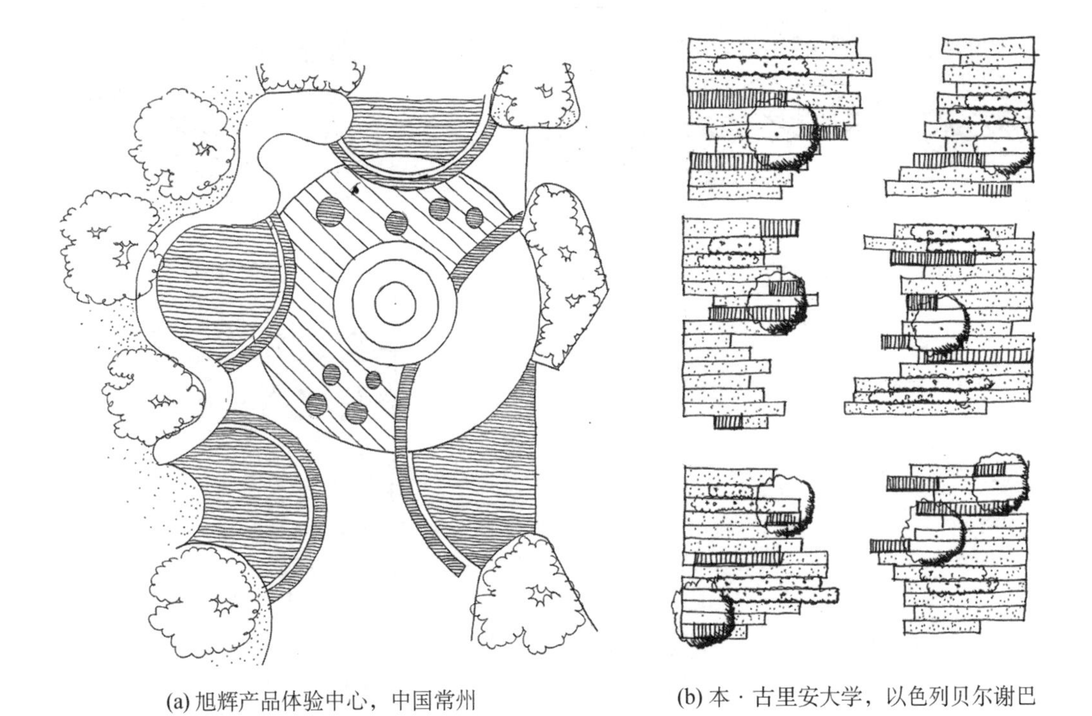

(a) 旭辉产品体验中心，中国常州　　(b) 本 · 古里安大学，以色列贝尔谢巴

图 5-9　硬质休息场地的限定与划分 2

场地中的休息设施主要包括座椅、花台与台阶三种（图 5-10）。座椅可有不同的造型，通常占据场地的主要部分。造型别致的座椅可很好地点缀城市开放空间。合适高度的花台与台阶同样可以充当临时休息设施，供人停留与休息，例如瑞典马尔默的圣约翰和康特霍尔广场。设计时需要考虑将花台、台阶的功能与座椅的功能结合，按游人休息的高度设计，形成灵活的休息空间，例如匈牙利的塞尔卡尔曼广场。也可直接在通行空间旁边摆放桌子与座椅等室外家具，供游人休息与交流。设计布局中需要考虑营造安定的、私密性较强的空间摆放家具，减少与交通空间的冲突。美国旧金山的朱利安和雷伊理查森博士公寓便在安静的角落里放置休息座椅，供人休息。

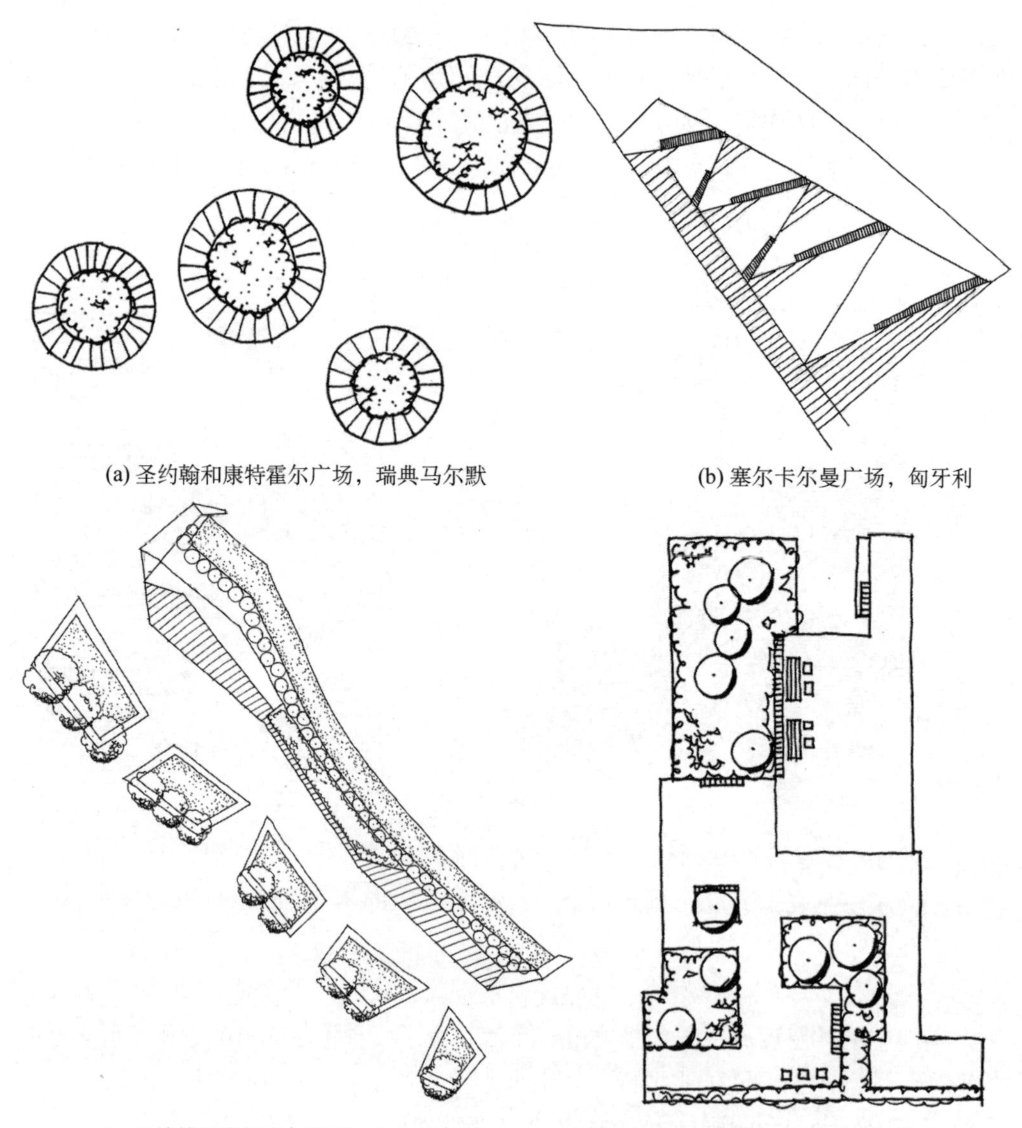

(a) 圣约翰和康特霍尔广场，瑞典马尔默

(b) 塞尔卡尔曼广场，匈牙利

(c) 圣约翰和康特霍尔广场，瑞典马尔默

(d) 朱利安和雷伊理查森博士公寓，美国旧金山

图 5-10　休息设施的种类与设计

5.3　硬质活动场地：规模、分割方式

硬质活动场地为有铺地的空地，从规模上分为大型活动场地与小型活动场地（图 5-11）。大型活动场地多指面积在 1 000 平方米以上，往往单独存在，多布置在

城市开放空间的中心位置，吸引游人前往，如澳大利亚珀斯的亚盘广场与上海黄兴公园中的大广场。小型活动场地大多布局分散，或是沿着园路展开，或是布局在大型自然空间周边。相比较于同样面积的单一大型活动场地，多个小型活动场地可以更灵活地承载不同活动，从而避免活动之间的互相干扰。

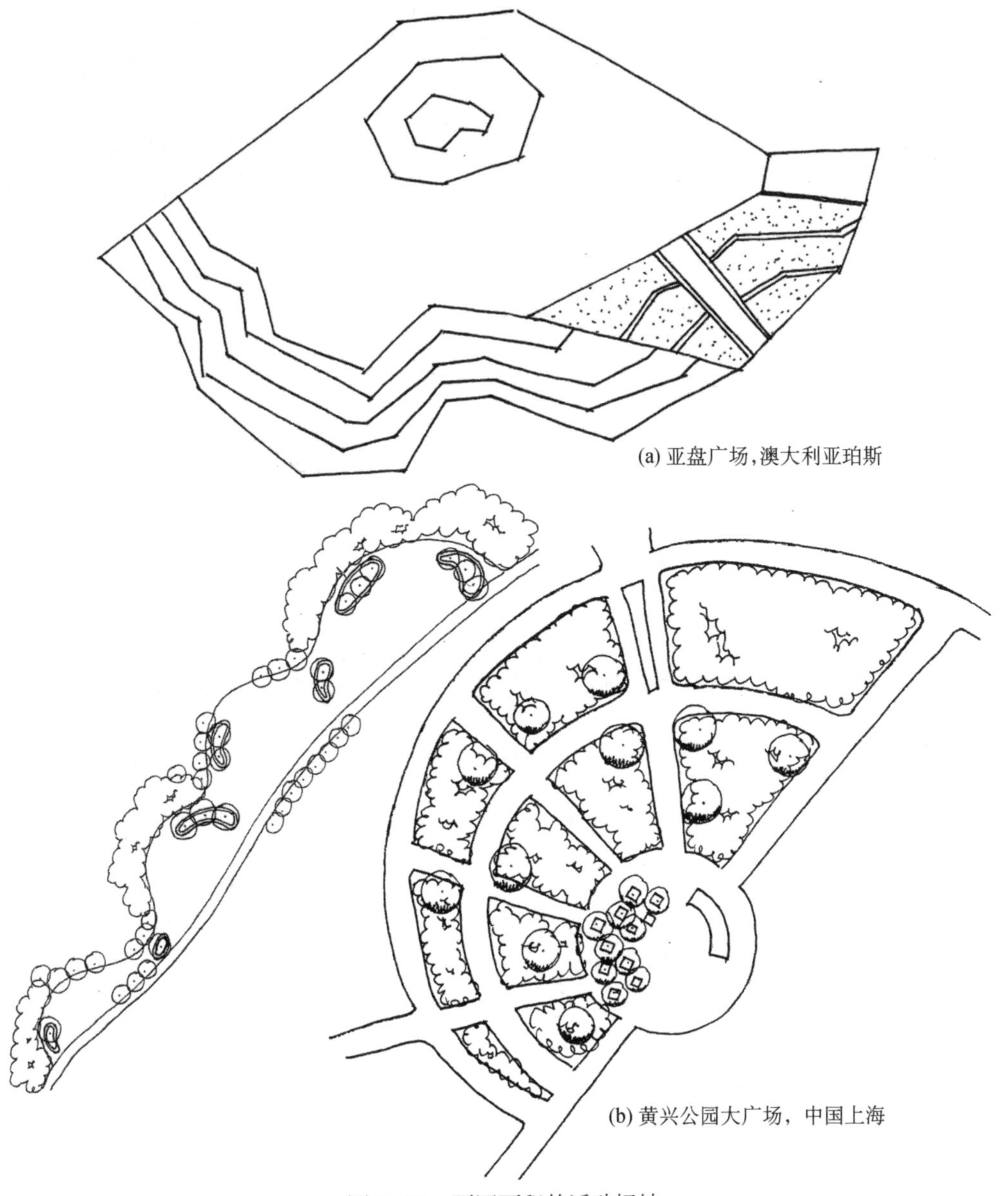
(a) 亚盘广场，澳大利亚珀斯

(b) 黄兴公园大广场，中国上海

图 5-11　不同面积的活动场地

场地的分割方式主要有四种，包括道路、绿篱、铺地与高差。设计中通常用园路围合小型活动场地，以起到分割的作用，道路两边的场地自然而然地被切割为不同的区域，承载不同活动与功能。例如，在中国苏州苏南万科公园的设计中，设计师利用园路切分出不同的草坪与硬质空间（图 5–12）。绿篱可以很好地起到分割空间的作用，并营造场地私密性。在美国波特兰哈萨洛八号公寓的设计中，设计师则通过放置大规模条形座椅与变化多样的绿篱空间，切分出面积不同的活动广场。利用铺地的颜色也可有效限定活动空间，尤其是使用鲜艳的铺地颜色，可很好地限定场地边界，营造场所感，例如常州的旭辉产品体验中心。高差也可较好地起到界定场地边界的作用，例如上海世纪公园利用草坡形成阶梯式下沉广场。但高差往往为儿童与老年人带来不便，易造成不安全因素，因而需要慎重使用（图 5–13）。

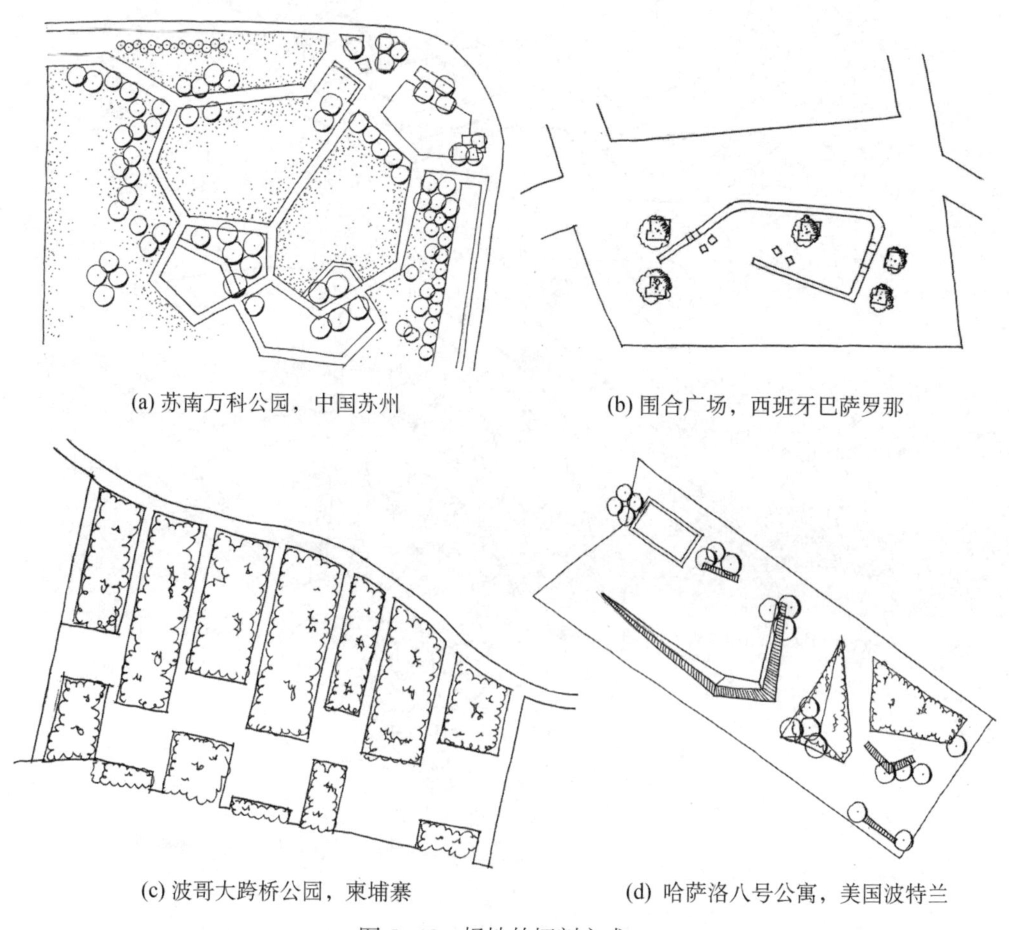

(a) 苏南万科公园，中国苏州　(b) 围合广场，西班牙巴萨罗那

(c) 波哥大跨桥公园，柬埔寨　(d) 哈萨洛八号公寓，美国波特兰

图 5–12　场地的切割方式 1

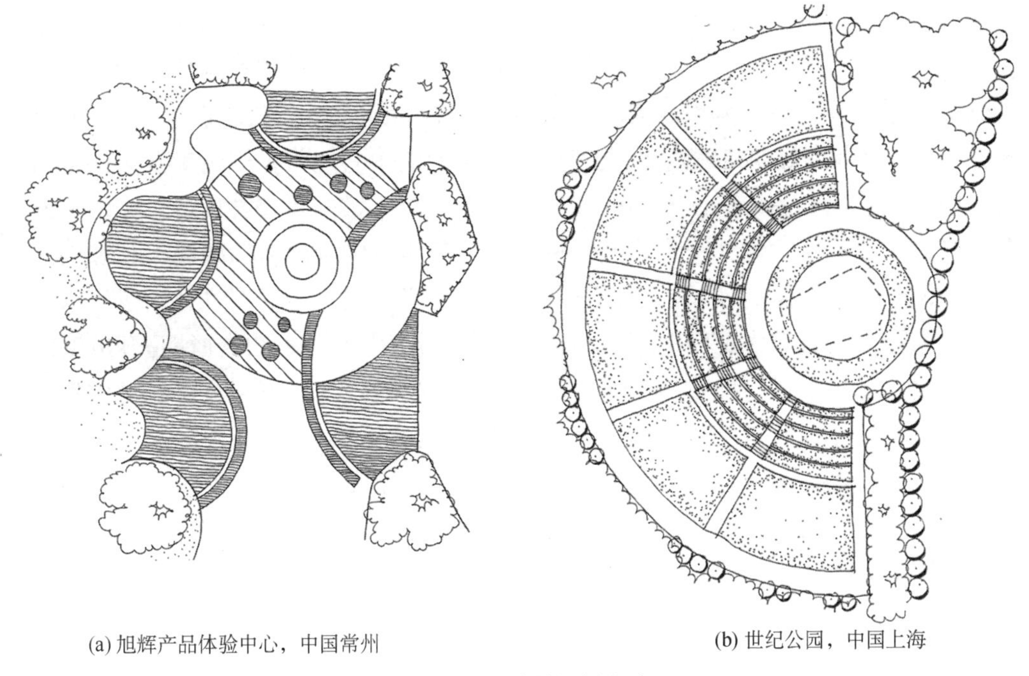

(a) 旭辉产品体验中心，中国常州　　(b) 世纪公园，中国上海

图 5-13　场地的切割方式 2

5.4　水体：尺度、形态、形式、视觉焦点

环境心理学的研究表明水体可促进游人的积极情绪。同时，面积较大的水面能带给人开敞感，使人心情舒畅，许多公园中都布置了面积较大的水面。在尺度上，水体可分为大型块状水体与小型水体。开阔的水面往往是公园中最为吸引人的区域，很多游人喜欢沿着水面周围散步或坐在水岸边观赏风景。因此，公园中的大水面或城市中的滨水空间是很好的疗愈空间，可帮助游人调节情绪，缓解身心疲劳。较小的水面往往远离活动中心与活动人群，能为游人创造安静的休息空间，较小的水面周边通常种满植物，可营造一定的私密性。

水体的形态往往变化多样，可创造不同的空间体验，主要包括面状水体与线形水体两种（图 5-14）。面状水体形态较完整，有一定的开阔性，而线形水体往往有较强的纵深感，可创造多层次景深。例如中国苏州拙政园中，建造者利用岛屿分割出尺度不同的块状水体与线形水体，使游人欣赏到不同尺度的滨水空间，丰富了视觉体验。而在英国伦敦的戴安娜王妃纪念喷泉中，则采用线性喷泉的造型样式，为游人提供嬉水的游憩体验。从形式上来讲，水体包括自然水体与人工水体两种（图 5－15）。自然水体模拟自然界水体的形态与流向，而人工水体则规模较小，往往设置在硬质广场上，例如喷泉与水池等。无论哪种水体，都能吸引人们的注意，成为视觉焦点。大型水体周边常常布置面朝水体的座椅，供人欣赏水景；硬质场地上的人工喷泉也大多布置在场地的中心地带，周边设置可供停留的座椅或构筑物，例如美国罗利的北卡艺术馆与黎巴嫩的贝鲁特广场。流动的水景也可形成更具交互性的戏水空间，增强游人与水景的互动，例如澳大利亚的达林顿公园儿童游乐园与波兰的亚沃日诺绿色滨水游乐场。一般来说，喷泉等水景周边会为游人留出较为宽敞的停留与聚集空间。造型突出的水景往往是开放空间中的重要视觉吸引物与地标构筑物。设计中需要妥善处理停留观赏空间及散步空间与水体的关系，使游人获得最佳的水体观赏视角。例如，可在水面周边种植可遮挡视线的灌木与乔木，使园路在水岸边与灌木中不断穿梭，游人时而可以见到宽敞的水面，时而在茂盛的乔灌木中行走，从而经历不同的视觉与心理体验，感受丰富的游赏过程。

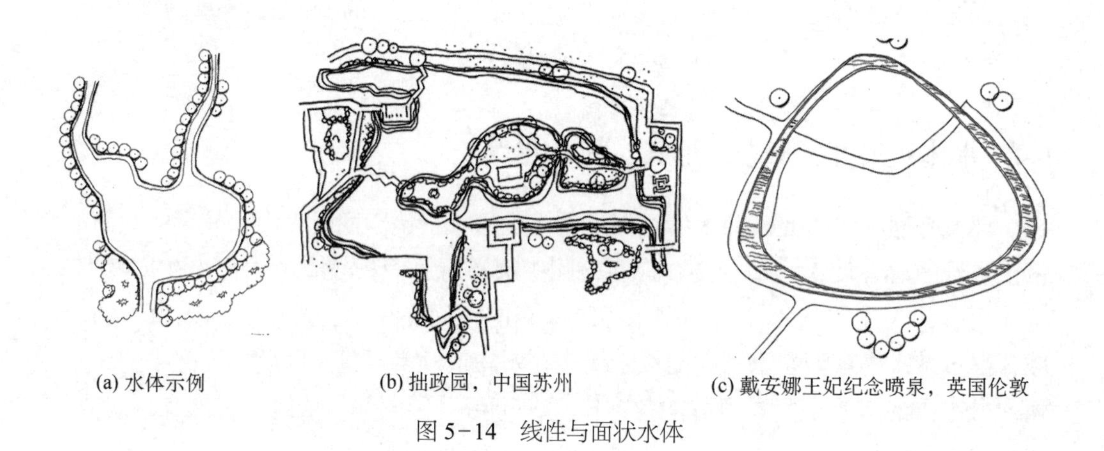

(a) 水体示例　　(b) 拙政园，中国苏州　　(c) 戴安娜王妃纪念喷泉，英国伦敦

图 5－14　线性与面状水体

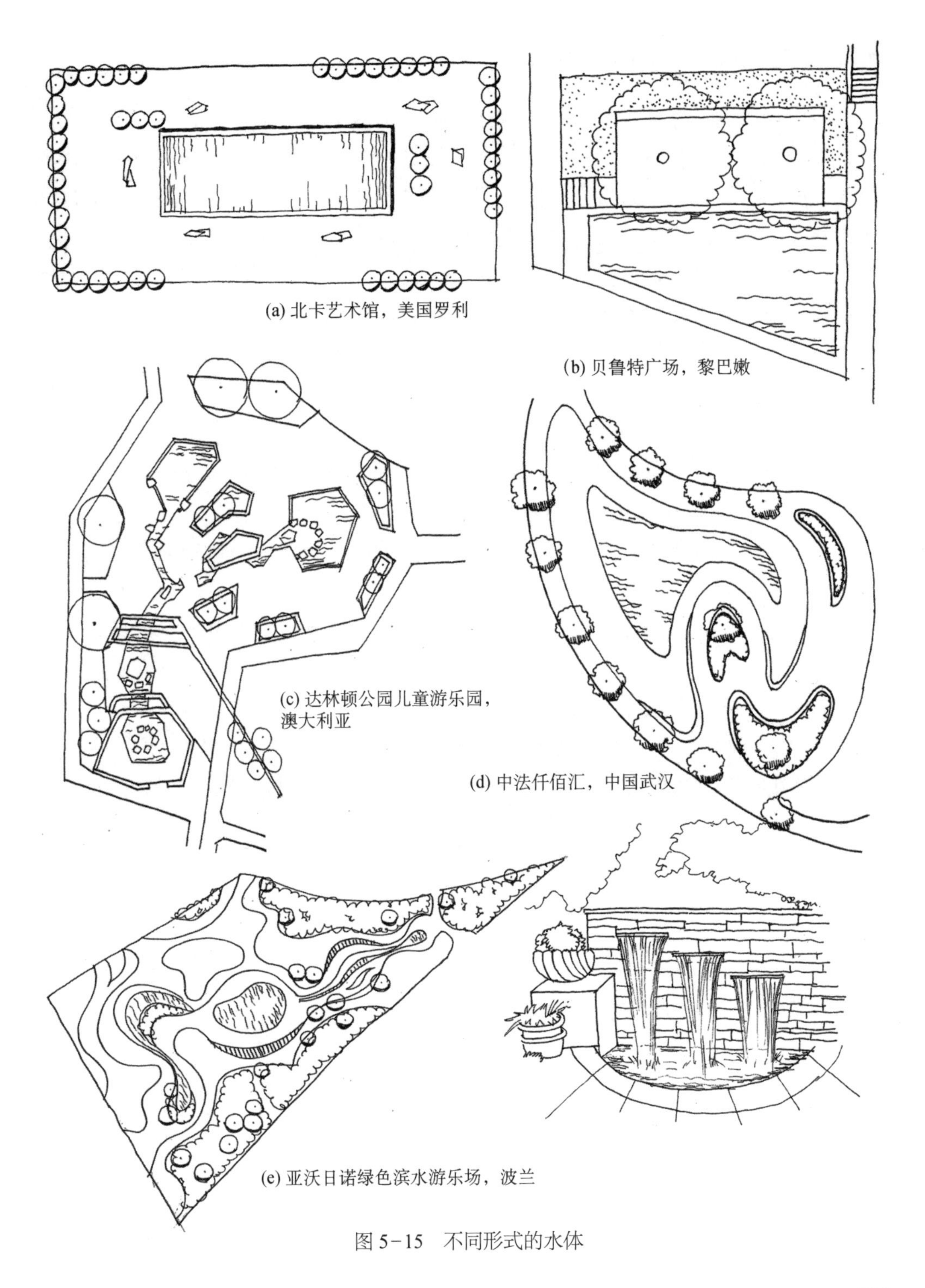

(a) 北卡艺术馆，美国罗利

(b) 贝鲁特广场，黎巴嫩

(c) 达林顿公园儿童游乐园，澳大利亚

(d) 中法仟佰汇，中国武汉

(e) 亚沃日诺绿色滨水游乐场，波兰

图 5-15　不同形式的水体

5.5 草坪：尺度、坡向、形式、竖向

面积宽敞的草坪能承载野餐、亲子活动与演唱会等各种活动，深受游人的喜爱，如美国伯利恒的钢铁艺术文化公园（图 5-16）。面积较小的草坪往往与硬质场地的距离较近，或是直接在硬质广场上安放面积、形态不一的草坪，供小规模人群使用，例如加拿大多伦多的霍特公园。草坪的坡向能引导游人的休息方向，进而引导游人的视线，在设计时需要格外注意。大多数坡都面向视觉吸引物，例如水体、雕塑或演出舞台等，例如上海世纪公园的大草坪（图 5-17）。从形式上来说，草坡主要有自然式与台地式两种，自然式草坡起伏较为自然，模仿自然草坪形成起伏不一的空间。台地式草坡可看作台地与草坪的结合，高差往往分布较为均匀，例如德国波茨坦友谊岛公园。富于变化的草坡可为游人提供变化多样的空间体验，因而被大量应用到城市开放空间的设计中。例如美国芝加哥植物园中搭建了形状、大小不一的草坡供游人玩耍，受到游人，尤其是儿童的欢迎。值得一提的是，我国古典园林的设计中往往很少使用草坪元素，但随着现代市民在城市开放空间中野餐、亲友聚会等群体活动的增多，我国市民对大草坪的偏好与需求也不断提升。在规划设计中，应在用地允许的情况下布置大草坪，满足多种游憩需求。

草坡的竖向设计可以极大地影响草坡的排水方向。在竖向设计中，需要考虑汇水位置与排水方式，使草坡可以尽快排干水分，以免影响使用（图 5-18）。通常说来，等高线密集的区域，坡度较陡；等高线疏朗的区域，坡度较缓。草坡的汇水区域一般为凸向较高标高的区域的连线。

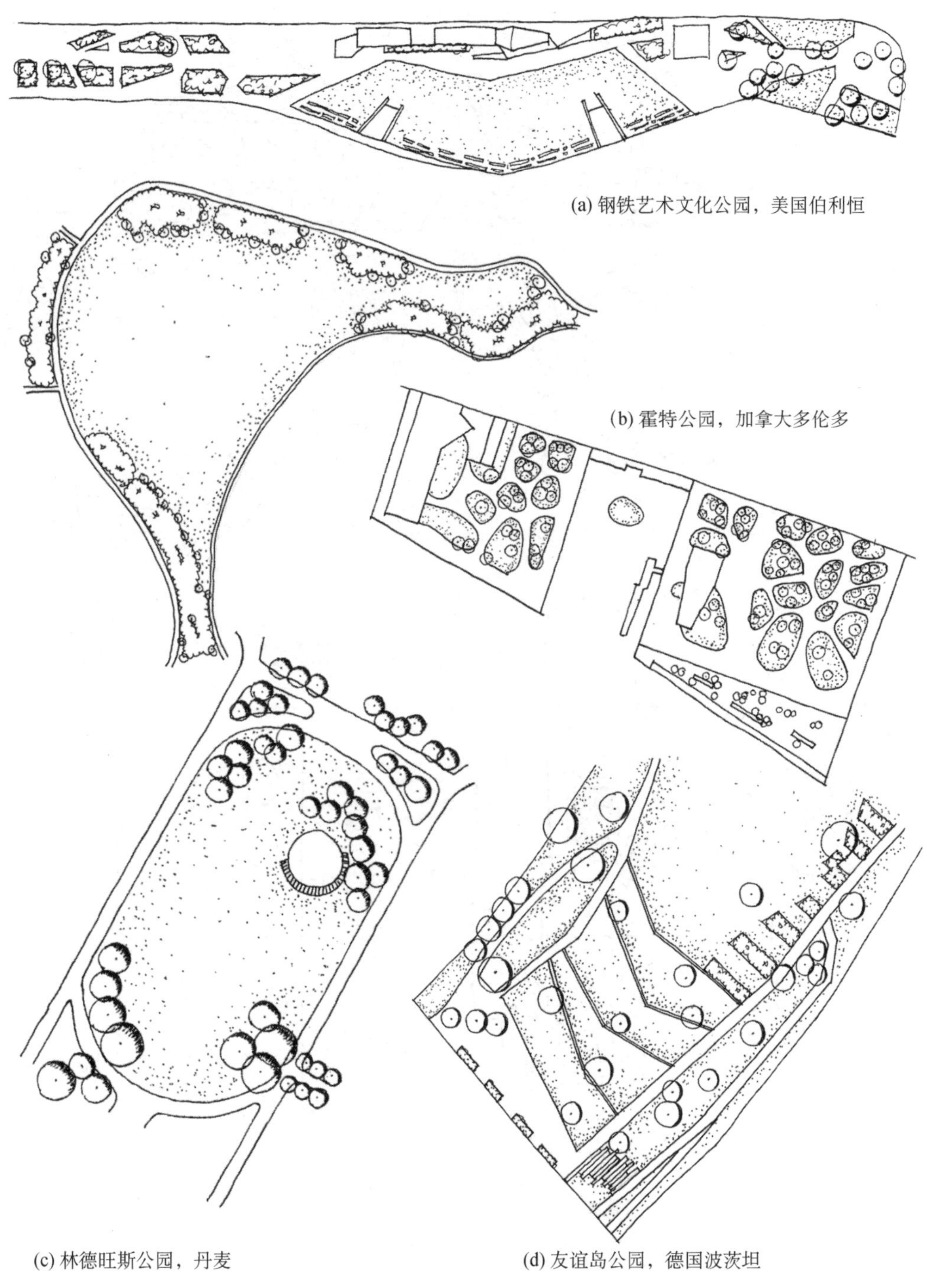

(a) 钢铁艺术文化公园，美国伯利恒

(b) 霍特公园，加拿大多伦多

(c) 林德旺斯公园，丹麦

(d) 友谊岛公园，德国波茨坦

图 5-16　不同形式的草坪

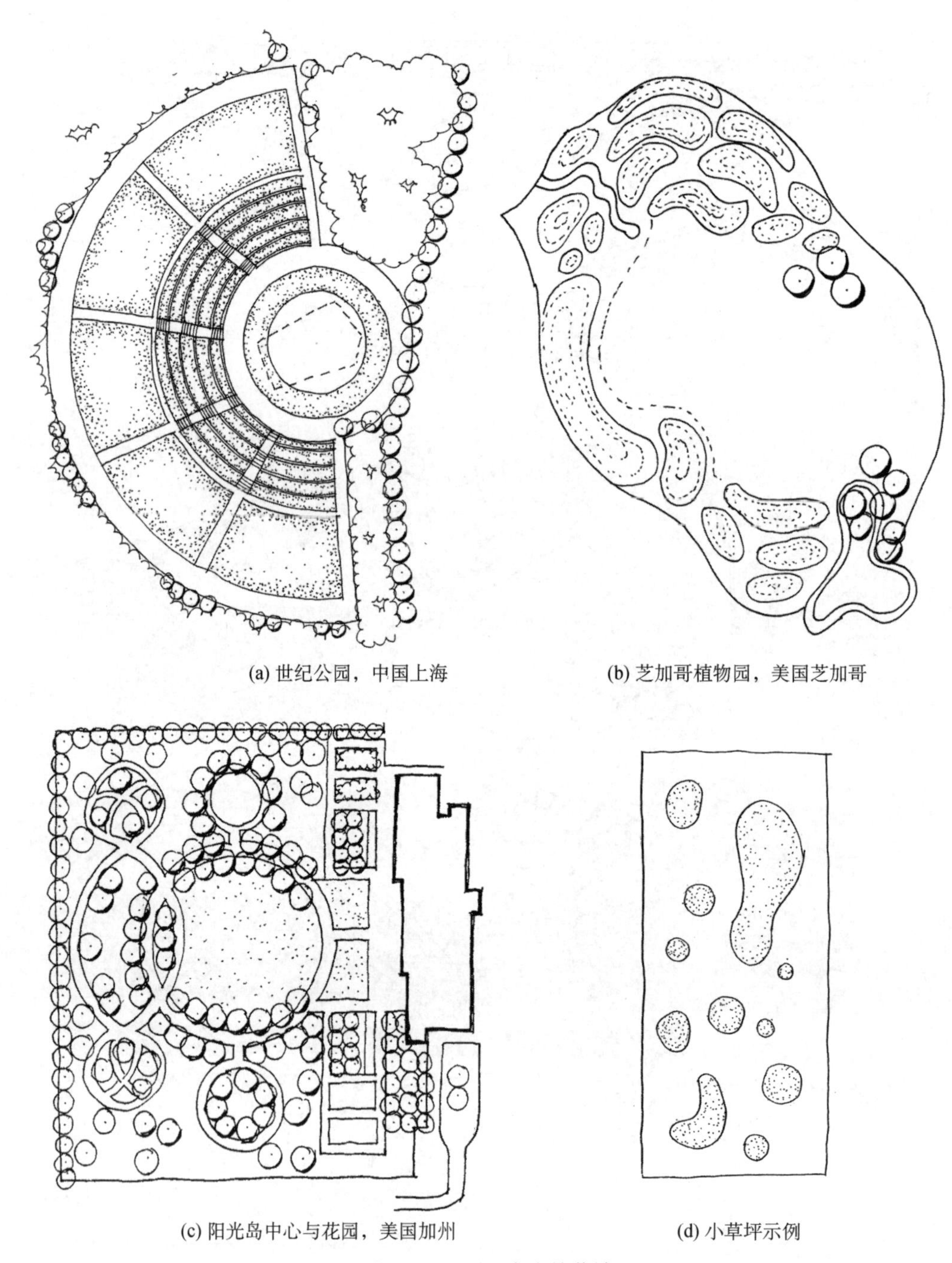

(a) 世纪公园，中国上海

(b) 芝加哥植物园，美国芝加哥

(c) 阳光岛中心与花园，美国加州

(d) 小草坪示例

图 5-17　不同大小的草坡

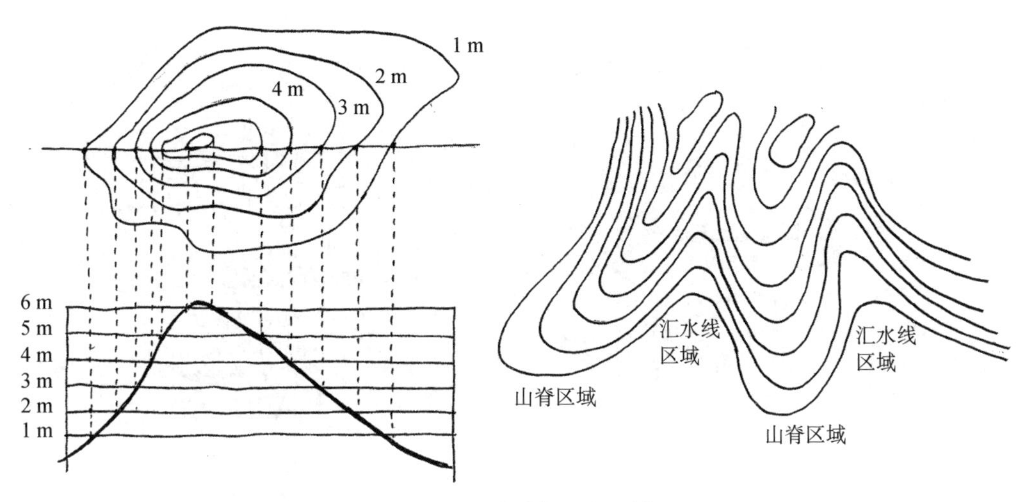

图 5-18　草坡与汇水区域

5.6　树林：疏密、游径布局

游人在树林中行走与停留可近距离接触树木，获得接触与亲近自然的机会。在布局树林时，需要考虑树林的疏密，为游人创造不同的空间体验。密林可隔离其他景物，使游人视野中充满树木，可营造沉浸在自然中的独特体验，帮助游人放松身心。疏林种植较为稀疏，因而可提供更大的活动与社交空间，为游人提供自然环境中的活动场地（图 5-19）。设计中也需要考虑游人的观赏视角，对于在树林外的观赏者，需要考虑树林的林冠线、树叶色彩等因素；对于树林中的游人，需要考虑其在林中的视线通透性。例如，游人在疏林中散步时，视线可透过树林，望向周围的景物，视觉体验更富层次；在密林中穿行时，游人可获得较高的绿视率，以及沉浸在自然中的体验。在树林中设置游径或场地，可引导游人使用有限的游径与场地，减少对其他区域地表植物与生态环境的破坏。设计林下游径时，需要考虑游径与视觉吸引物的空间与视线关系。例如，对于一条较长的游径，可使其一部分在密林中，使游人近距离接触自然；另一部分延伸至水面，使游人欣赏到水景，从而获得不断变化的视觉与空间体验。

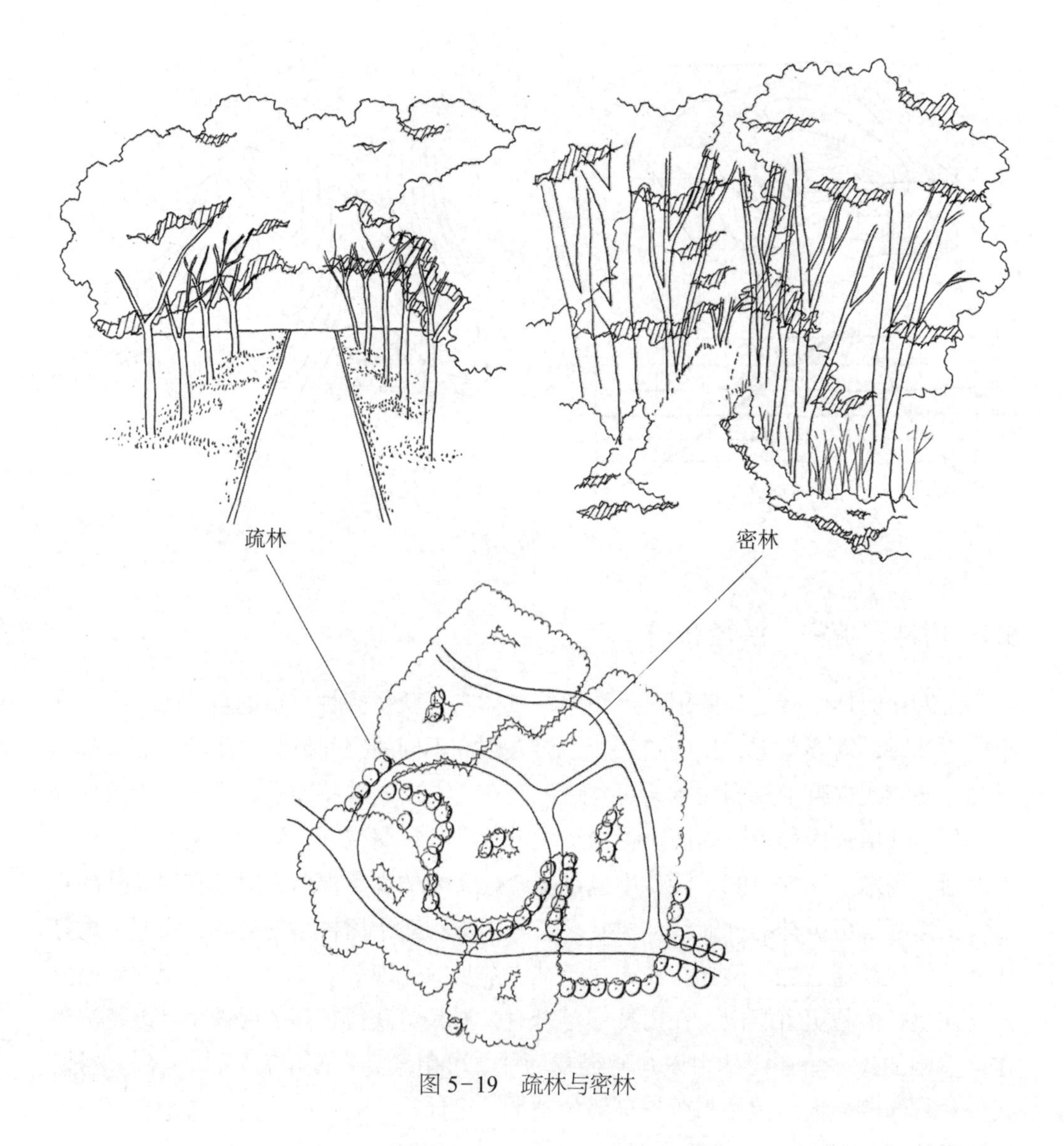

图 5-19　疏林与密林

第6章 复合空间

本章将基于功能空间组合，归纳总结城市开放空间中的复合空间类型，例如滨水步道、水中栈道、森林步道等，并基于手绘实例，分析这些复合空间的要素与组织方法。

将单一功能空间组合，可创造承载多种活动的复合功能空间，提供独特的空间与视觉体验。在复合空间中，步道与场地是承载活动的主要空间，提供近距离接触自然的场所；而树林、水体等自然要素则往往作为视觉吸引物或自然背景，为使用者的活动提供优美的自然环境。复合空间往往将人工的硬质空间与自然空间巧妙结合，营造宜人的活动空间。

6.1 滨水步道

组合步道与水岸空间便形成了滨水步道。人们在步道上行走时，可以看到广阔的水体，体验城市中难得的开敞感（图6–1）。同时，滨水步道也可以为使用者提供近距离亲水的机会，丰富空间体验。现有研究也表明蜿蜒在水面上的步道是最吸引人的活动空间，这也解释了城市滨水空间一直受到广大市民喜爱的原因。布置滨水步道时，可以不断调整步道与滨水岸线的相对空间与视线关系，使步道时而紧贴水面，时而保持距离。游人行走其上时，时而可看到开敞的水景，时而视线被周边的树林遮挡。营造视觉与空间的变化，丰富游人的游赏体验。除了在滨水空间布置一般的步道外，也可规划设计跑道、自行车道等多样的交通空间，提供更为多元的游憩机会。

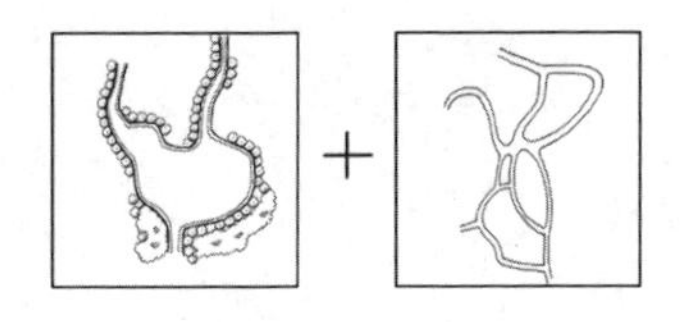

步道+水岸空间

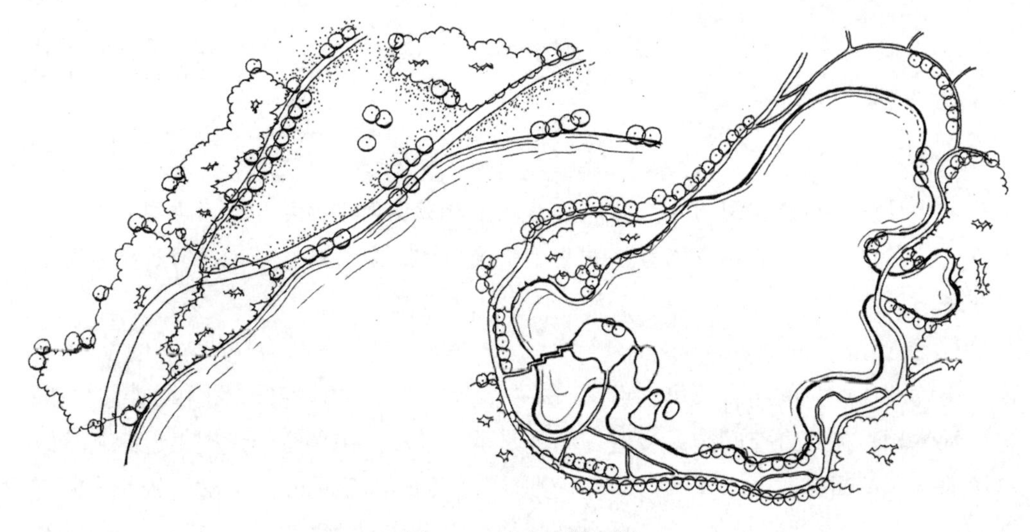

图 6-1　滨水步道空间

6.2　水中栈道

将步道铺设在水面上，组合步道与水面空间，形成水中栈道。行走在其上时，游人可在水生植物中穿梭，近距离接近植物与水面，形成在水面上自由行走的错觉，获得独特的视觉与空间体验，因而使用者特别喜爱水上步道。这一设计手法已被大量应用在许多著名的案例中，例如滨江步道、湿地栈道等。丹麦哥本哈根的卡尔维博德波浪步道即模仿波浪的形态，在水面架设三角形的步道，为游人提供独特的亲水体验（图 6-2）。而在上海辰山植物园与六盘水明湖湿地公园中，设计师则布置了穿越水面的步道，为游人提供在水面上行走的独特体验，因而深受欢迎。

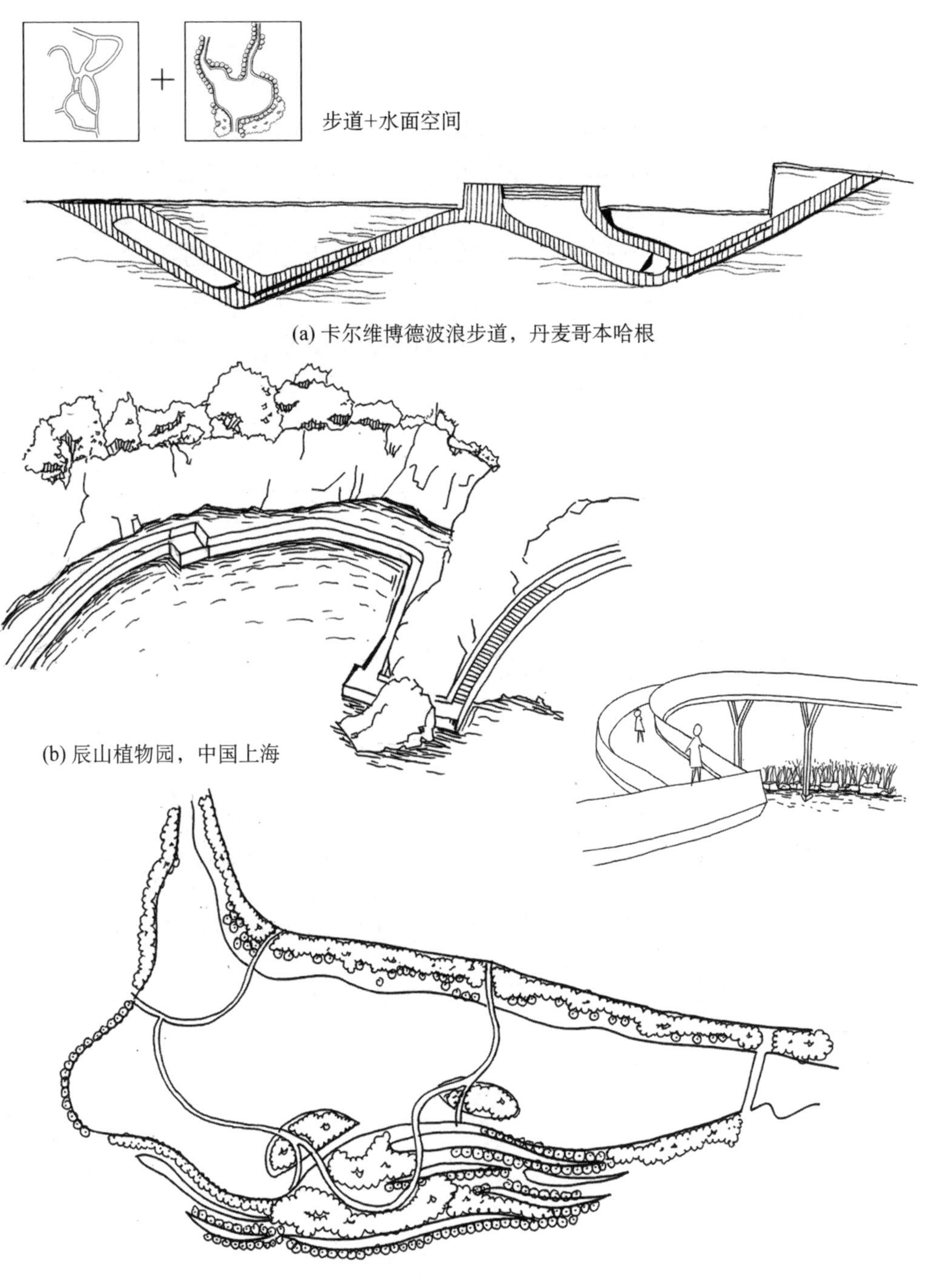

(a) 卡尔维博德波浪步道，丹麦哥本哈根

(b) 辰山植物园，中国上海

(c) 明湖湿地公园，中国六盘水

图6-2　水中步道

6.3 森林步道

在森林中铺设游步道可以为游人提供深入森林、近距离接触自然的机会（图6-3）。在步道中间设置停留木平台，可承载休息、野餐与聚会等活动，使游人更好地体验森林景观。在森林中散步或休息时，可使人完全沉浸在自然环境中，忘却日常的事务与烦恼，精神上得到较好的恢复。森林被视为一种重要的疗愈空间，很多国家与地区也都积极开展了“森林浴”等疗愈活动，帮助都市里的居民缓解精神压力，改善情绪状况。在城市开放空间规划设计中，需要加强对森林空间的营造与设计，使市民得到近距离接触自然的机会。

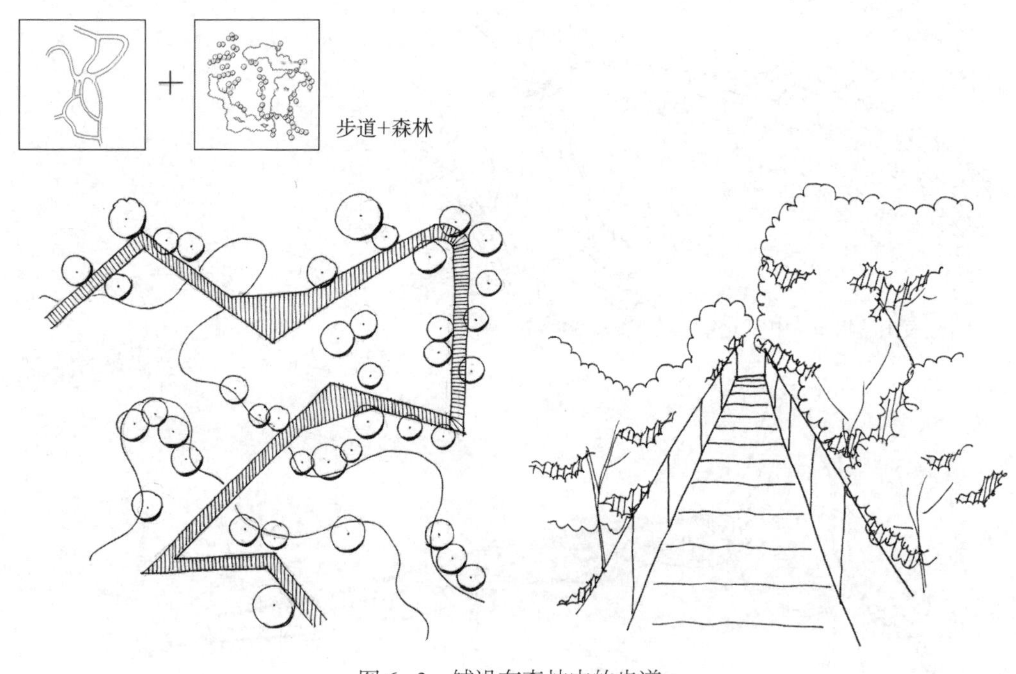

图 6-3　铺设在森林中的步道

6.4 空中步道

空中步道可提供在高空中行走的机会，为使用者提供在高处观赏风景的独特视角，获得别具一格的体验，因而深受欢迎，如泰国曼谷的都市森林与美国纽约高线公园。将空中步道架设在森林中可使游人近距离接触高大乔木的树冠，获得在地面上很难获得的视角与接触乔木树叶、树枝的机会。同时，架高步行空间也可以创造立体空间，减少游人使用对生态环境的影响，更好地保护地被与其他植物。如果场地中有生长良好的乔木，可在规划设计时利用已长成的树林建造空中步道。例如曼谷的都市森林设计了穿梭在茂密森林中的步道，吸引游人前往体验（图 6–4）。

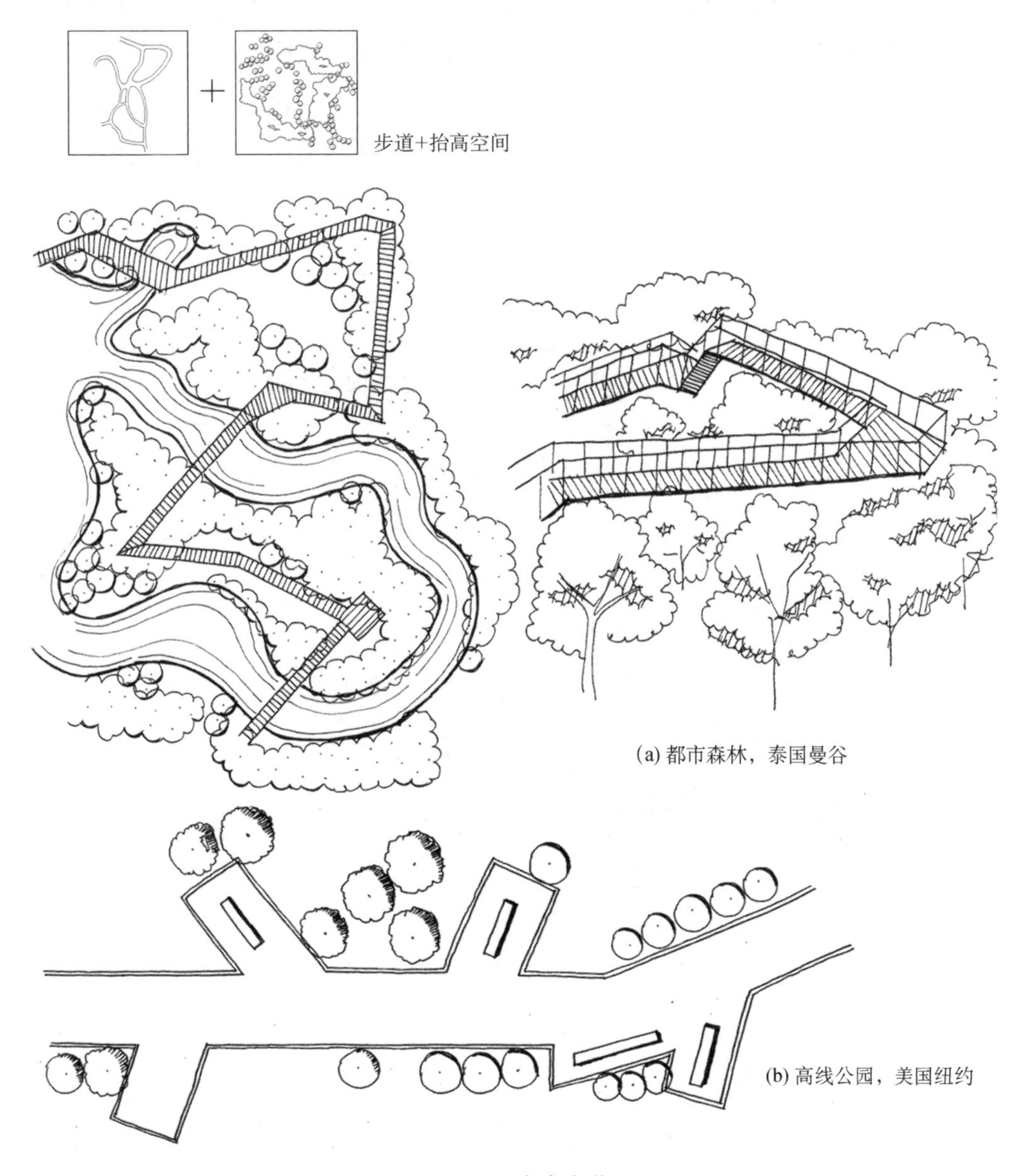

(a) 都市森林，泰国曼谷

(b) 高线公园，美国纽约

图 6–4　空中步道

6.5 水中平台

与水中栈道类似，水中平台提供在水面停留的机会，可以使游人近距离接触水面，创造漂浮于水面的体验（图 6-5）。当游人站在平台边缘时，这种体验尤其强烈。特别是设置面积较小的、围合性较强的水中平台，可创造被水面包围的体验。可利用水中步道将这些小型休息平台与堤岸相连，创造水上线性空间与平台空间。

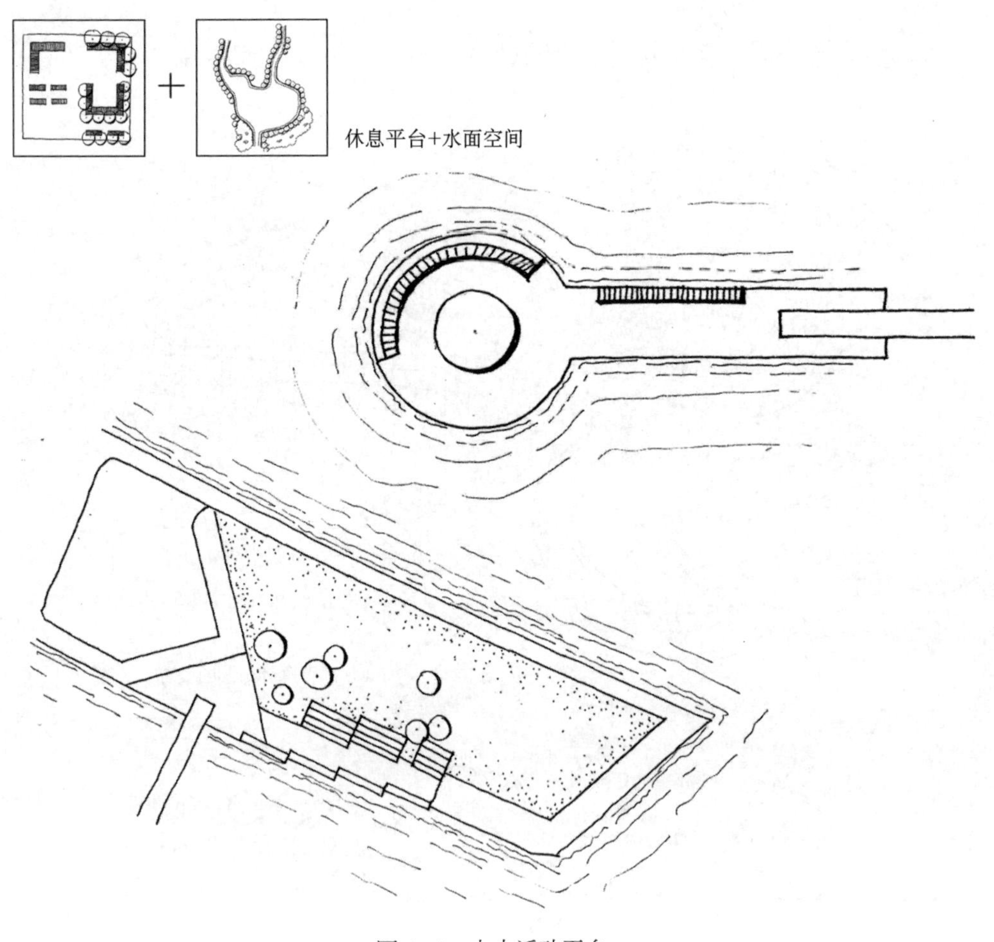

图 6-5　水中活动平台

6.6 林下平台

林下平台可为使用者提供在树林野餐与聚会的机会，使游人能够近距离接触自然，而不用使用湿滑的地面（图 6-6）。平台的设置也可引导游人在一定区域内活动，从而减少对其他区域生态环境的影响。这些平台既可以承载野餐、聚会等群体活动，也可以为瑜伽、冥想等安静活动提供空间。

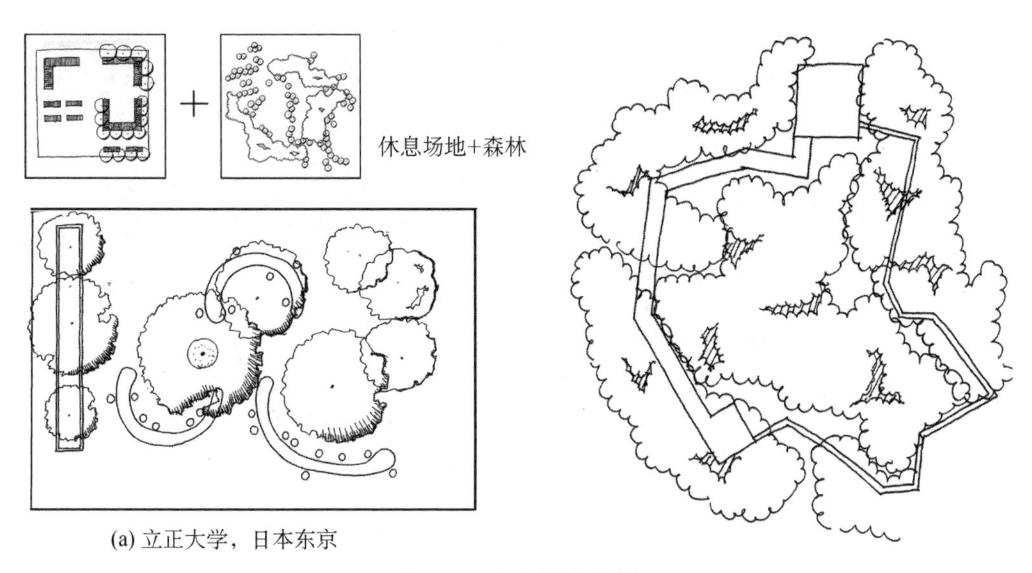

(a) 立正大学，日本东京

图 6-6　林下平台空间

6.7　多功能广场

组合活动空间、休息空间与草坪等单一活动空间可创造多功能广场（图 6-7）。例如，可在草坪周边布置硬质活动空间、观赏水景与休息空间，合理布局这些空间可为游人提供多样的空间选择，也可以促使游人观看其他场地上的活动，促进视线交流与社会交往。最常见的做法是在硬质广场上布置水景或草坪，利用自然元素分割场地，创造多功能活动空间。例如美国伯利恒钢铁艺术文化公园与苏州苏南万科公园就在广场上布置草坪与小型休息空间，使游人既能利用开阔的活动空间，又可以在小型空间中休憩。

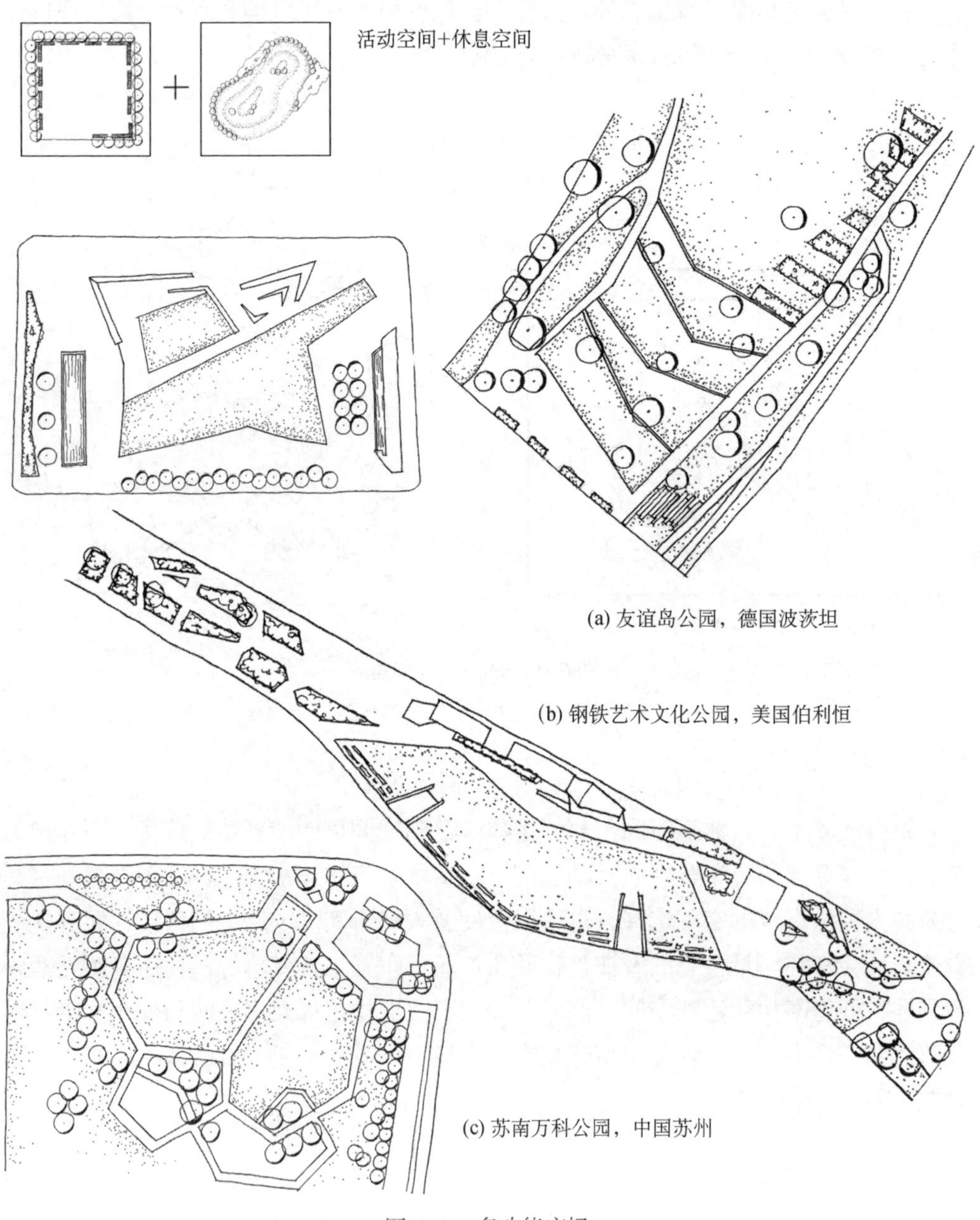

图 6-7　多功能广场

第7章
空间体系

本章将提出城市开放空间体系的划分方式——分割式与串联式，并将讨论空间序列理论、体验性景观理论及空间句法理论。

城市开放空间设计具有极强的空间层级性，景观元素组成基本功能空间，基本功能空间组成复合空间，连接多个复合空间形成空间体系，便形成了完整的城市公园或广场。空间体系的连接方式与顺序能直接影响游客的视觉与空间体验，进而影响其在城市开放空间中的感知与行为。

7.1 总体空间划分方式

城市开放空间设计中主要有两种总体空间划分方式：分割式与串联式。分割式将设计场地整体预设为硬质空间，设计中，在其上布置水景、灌木与乔木等自然要素，多见于尺度较小的公园或广场。串联式将设计场地整体预设为自然空间，在其上布置硬质活动场地与道路等人工要素，多见于面积较大的公园或风景名胜区规划设计。也就是说，分割式布局在硬质场地上放置水体、树木等自然元素；而串联式布局则相反，在以草地为主体的自然元素上放置道路、场地等硬质活动空间。

7.1.1 分割式

分割式城市开放空间将设计场地预设为有铺装的硬质场地，在其上放置花台、草坪与水体等自然要素，那么剩余的硬质空间便作为道路或活动空间。例如，我们可以在广场上放置相距3米左右的两排花台，游人可在其间行走，便形成了3米宽的道路。也可以在30米×30米的正方形场地周围布置树池，用树池围合与限定空间，中间便形成了边长为30米的正方形硬质活动空间。芝加哥千禧公园以硬质场地为基底，在南部摆放了若干矩形种植池，这些种植池之间的空余空间便形成了线性道路与块状场地。相似地，美国波士顿邮政广场也是通过在场地上布置草坪等自然空间，切割出道路与活动场地，形成多样的开放空间体系。美国威廉斯堡的水岸公园同样以硬质场地为基底，利用大草坪与多边形种植池共同围合出北部的道路空间与南部的活动场地。而伦敦运河长廊公园中，在整体硬质场地中，设计师通过放置曲线形的草坪分割场地，使草坪间的线性空间形成游人游览的道路（图 7-1、图 7-2）。

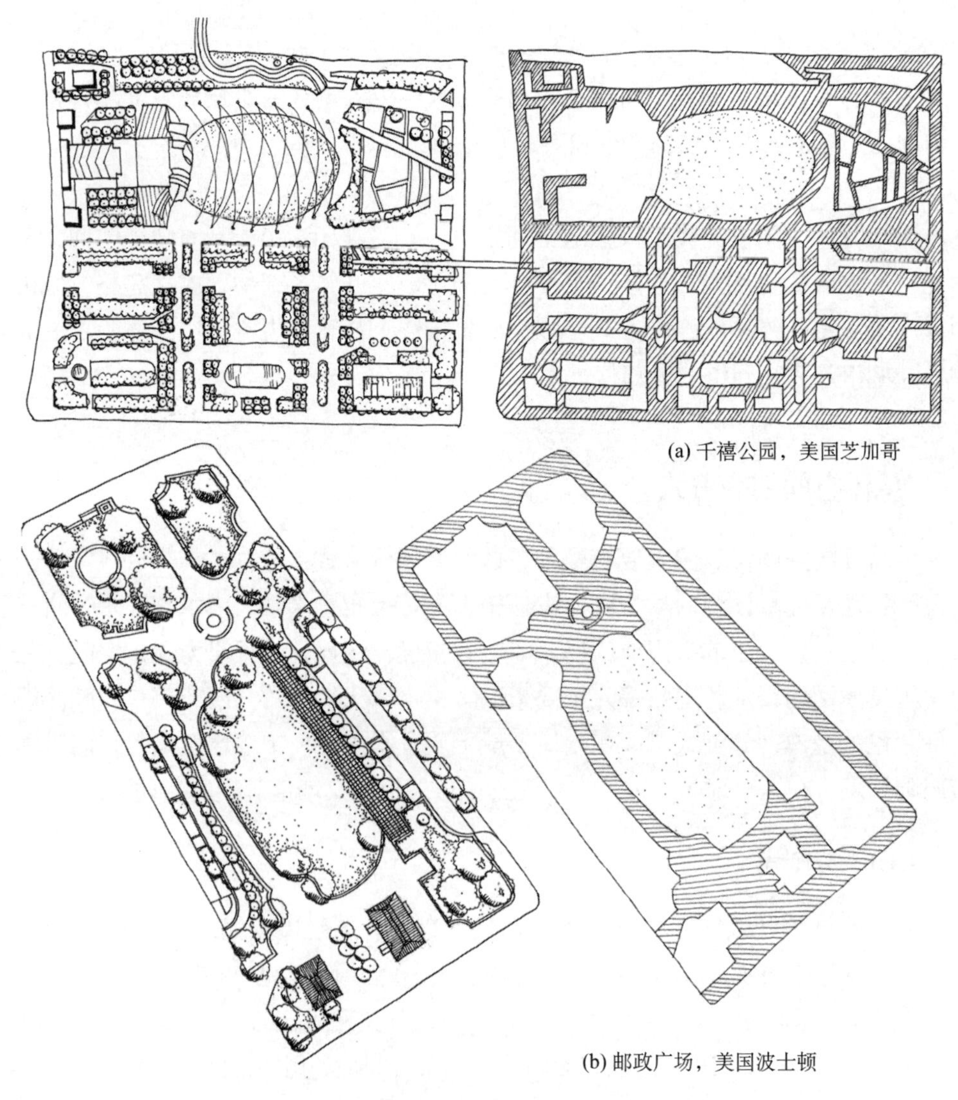

(a) 千禧公园，美国芝加哥

(b) 邮政广场，美国波士顿

图 7-1　城市开放空间的分割式布局 1

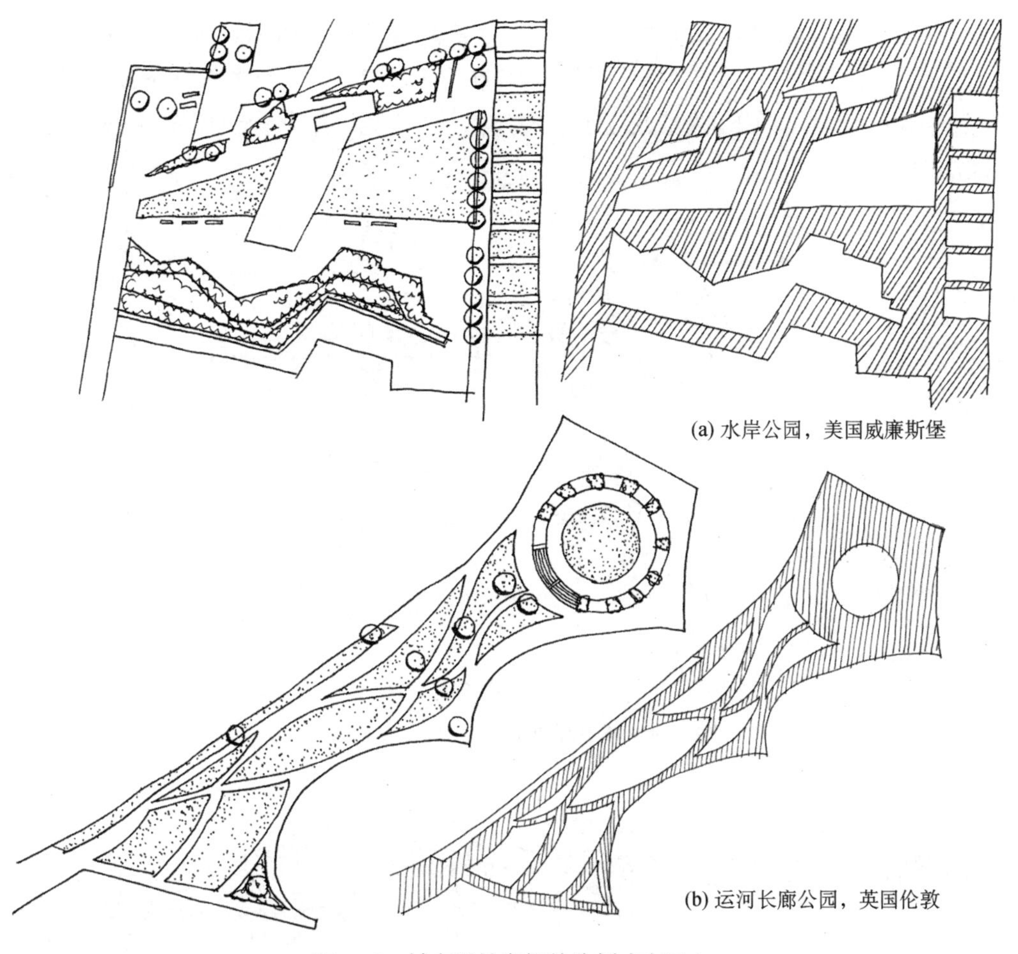

(a) 水岸公园，美国威廉斯堡

(b) 运河长廊公园，英国伦敦

图 7-2　城市开放空间的分割式布局 2

7.1.2　串联式

串联式空间体系将设计场地预设为自然空间背景，在其上放置道路与广场等硬质场地，剩余的自然空间即作为背景空间，供游人观赏。这一空间划分方式多用于面积较大、自然植被覆盖较好的场地。可较好地利用场地原有的自然基底，作为背景的自然空间可稍加设计，或保持其原始的自然面貌。例如，在设计大型森林公园时，在自然风光最好的地方放置中心活动场地，并布置园路连接公园入口与中心广场及其他场地，这一空间体系以自然环境为背景，用园路串联活动场地，其他区域则可保持原始自然状态不变或稍作修饰（图 7-3）。相似地，纽约中央公园也是在较大的自然环境中布置线性道路以连接不同景点，游人在步道上行走时可欣赏到周围的自然景观（图 7-4）。上海徐家汇公园与芝加哥湖岸公园也是在自然基底上布置块状活动空间，并布置道路连接这些场地（图 7-5）。

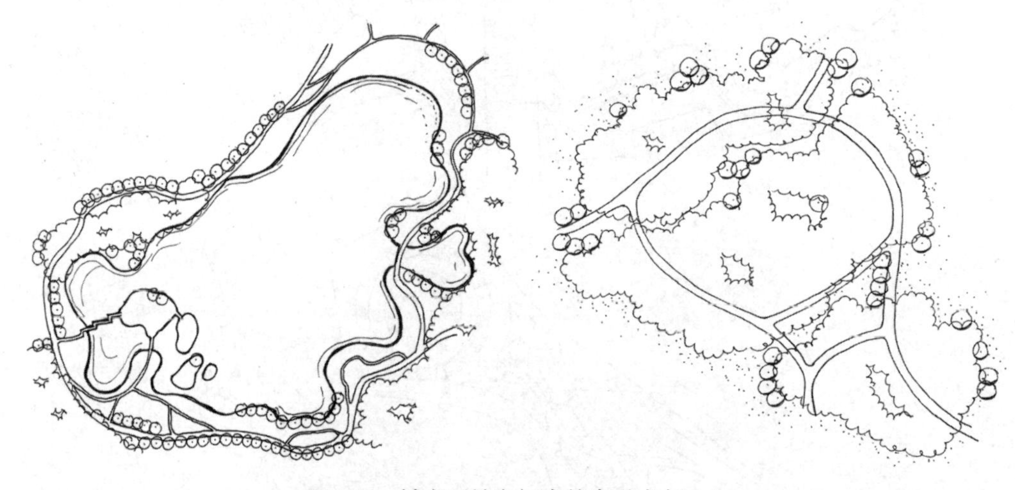

图 7-3　城市开放空间中的串联式布局 1

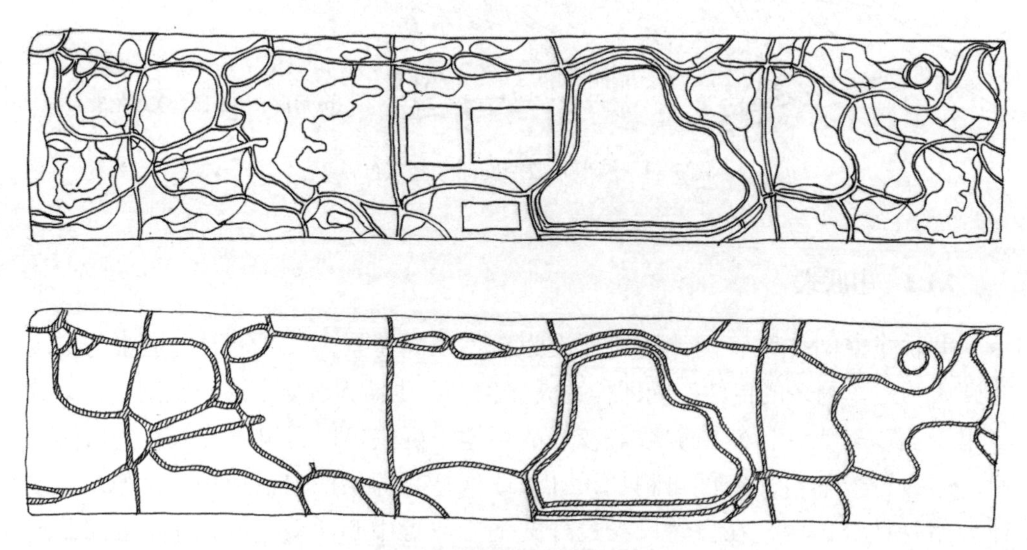

图 7-4　美国中央公园的路网

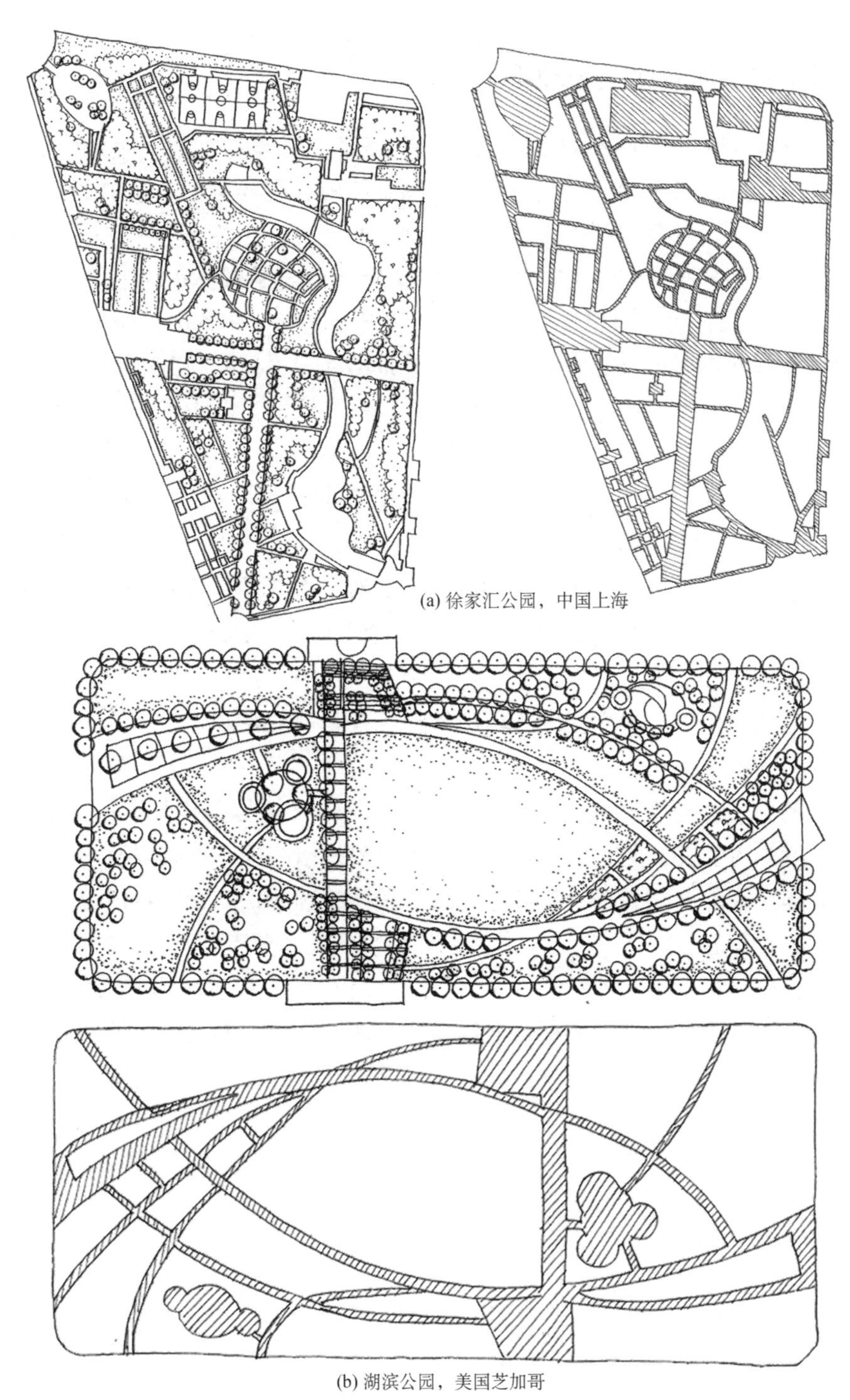

(a) 徐家汇公园，中国上海

(b) 湖滨公园，美国芝加哥

图 7-5　城市开放空间中的串联式布局 2

7.2 空间序列与体验性景观理论

设计领域非常强调建成空间的空间序列，节奏鲜明的空间序列被设计师所推崇[34]。在建筑空间以及室外环境中，空间序列往往围绕使用者主要路径来组织。例如，相邻空间的对比。中国古典园林中主要存在四种空间序列，包括环形、串联式、辐射式以及以上述三种序列的组合，这些空间序列与古典园林的整体布局相关[34]。这四种空间序列关系同样适用于现代城市开放空间设计。在空间布置上，为了避免干扰，安静活动空间与动态活动空间应分开布局，并且中间用过渡性空间连接。例如，林荫道可与安静的草坪布置在一起；类似地，儿童活动场地可以靠近运动场地。这样可以减少动、静活动之间的干扰。另外，我国公园中也常有广场舞等噪声较大的活动，在公园规划设计中，需要考虑类似活动对其他活动的干扰，在大型广场周围种植茂密树林可以减少噪声带来的干扰。

体验性景观理论（Experiential Landscape）认为，人类体验拥有空间维度，建成环境的空间特征与使用者的体验密切相关[35]。体验性景观理论提出，户外环境拥有空间维度与体验维度，并且这两个维度是相互依存的，也就是说特定的空间特征预示着特定的空间体验。根据空间特征，体验性景观理论将户外空间分成四种基本元素，包括中心（Centre）、方向（Direction）、过渡（Transition）与领域（Area）。中心有强烈的场所感与接近感，从体验维度来说，与社会生活和社会交往相关；方向暗示着后续的可能性，与人流和视线相关；过渡是指心理、气氛以及功能上的过渡，与方向和标高的变化有关；领域是充满一致性的场所，与社区意识相关。与林奇[36]的城市意象理论相似，这四种城市室外环境的基本要素有着不同的空间特征。例如，中心往往是用于集会或活动的块状空间，而方向则指连接不同空间的线性空间，以及城市空间中导向地标的视觉通道。这一理论启示我们在进行城市开放空间规划设计时，需要思考不同形态的空间可能产生怎样的心理暗示，将怎样引导游人的感知与行为。

7.3 空间句法理论

7.3.1 拓扑关系、空间的抽象表达与主要指标

基于图形理论[37]，希利尔（Hillier）等[38]在《空间的社会逻辑》一书中首次提出了空间句法理论。受到空间所蕴含的社会意义的启发，这一理论强调空

间之间的拓扑关系（Topological Relationships），并认为空间是遵循一定组织构成（Configuration）逻辑的离散系统。空间组织构成在此指一系列独立关系的总和，其中每一个独立关系都是由特定要素与系统内其他所有要素的关系决定的[39]。这一概念描述空间联结的本质属性，因而可以应用到建筑、城市环境以及其他种类的建成与自然环境中。两个独立空间的联结关系有两种，包括相邻关系（Adjacency）与连通关系（Permeability）。

环境可被视为由“一系列可见的真实平面所组成的”[40]。空间句法理论认为视线是影响使用者人流与体验的重要因素，基于此观点，提出了用轴线地图（Axial Line Map）与凸边形地图（Convex Map）两种方法表达与抽象空间的组成[41-43]。希利尔等[38]认为空间可以被想象成线与珠组成的序列（String-bead Consequences）；线指的是空间在一个维度的延伸，而珠则指空间在两个维度的延伸。由此，两个空间体系的不同可以从两个层面来思考，包括：①所含空间在一维与二维延伸上的不同；②这两种延伸之间的关系的不同。空间句法理论使用轴线与凸边形来表达空间在一维与二维的延伸。穿过空间中一点（位置）的轴线表示空间中这一点（位置）在全局或者是轴线方向上的最大延伸；而包含空间中一点（位置）的凸边形则表示这一点（位置）在两个维度上的延伸[38]。凸边形地图多用于表达建筑内部的空间特性，而轴线地图则多用于抽象城市街道的空间组织特征。

生成凸边形地图与轴线地图后，绘制关系图解（Justified Graph）说明空间之间的组织关系。关系图解用点表示独立空间，用连接两个点的直线表示它们之间的连通关系（图 7-6）。选取一基点空间，作为研究空间组织关系的起点，将其画在图解的最下方。在图例建筑中，房间 1 与房间 3 分别被选作基点空间。将直接与基点空间相连的空间画在基点空间之上，用圆圈表示。从基点空间出发连接这些空间的线代表着连通关系。在图例中，房间 1、房间 2 与房间 9 直接相连，因此房间 2 与房间 9 离房间 1 有“一步”的距离。相似地，与“一步”空间直接相连的其他空间被画在了“一步”空间之上，它们之间的连线表示空间之间的连通。例如，房间 3 与房间 2 相连，因此，房间 3 被画在了房间 2 之上。这些空间离基点空间有“两步”的距离。从房间 3 出发，必须先经过房间 2 才能到达房间 1，因此，房间 3 距离房间 1 有两步的距离。相似地，房间 8 离房间 1 也有两步的距离。

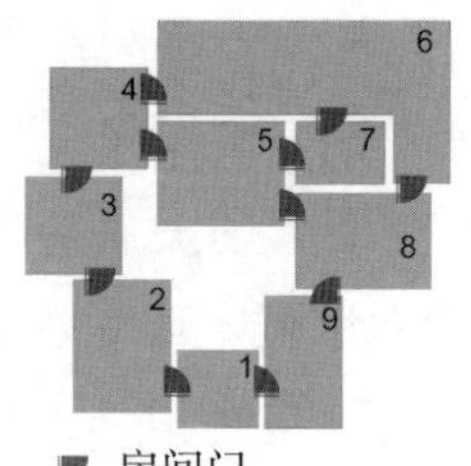

▰ 房间门

(a) 示例建筑平面图

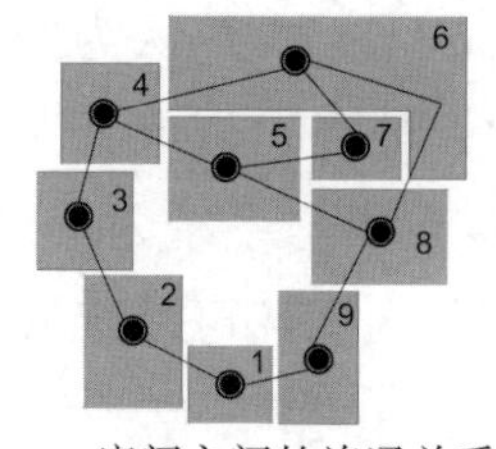

—房间之间的连通关系

(b) 各房间之间的连通关系

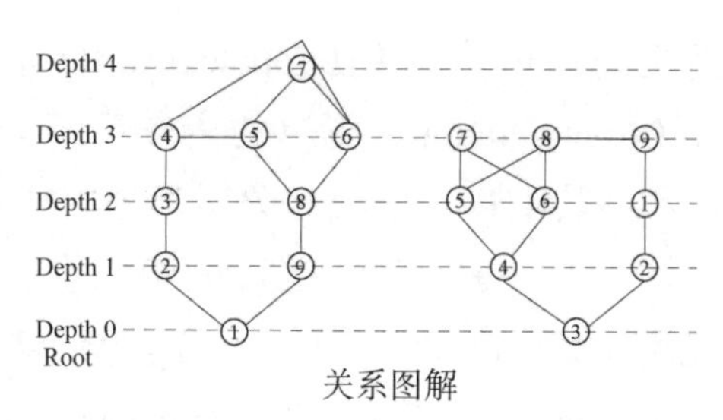

关系图解

(c) 连通关系图解

图 7-6　空间关系图解

基于对空间组织关系的抽象，空间句法理论应用一系列指标测量空间的组织关系，包括深度（Depth）、连接度（Connectivity）、控制度（Control）和整合度（Integration）等（表 7-1）。深度测量两个空间之间的空间数目，即从一空间到达另一空间所需要穿过的最少空间数目[41]。连接度指与一特定空间直接相连的空间数目。控制度是与某一空间直接相连的所有空间的连接度的倒数之和[44]。如果一个空间的控制度高，则表明其对进入与其直接相连的空间有很大的影响[45]。整合度测量空间的相对对称性，高整合度表明空间在系统中具有较好的可达性，可以方便地到达系统中的其他空间。建筑与城市环境中的研究表明，控制度高或整合度高的区域拥有较大的人流[45, 46]，更多地被使用者使用。

表 7-1　空间句法中的测量指标

概念	定义	例子 / 计算公式
深度	从一空间到达另一空间所需要穿过的最少空间数目	在图 7-6 中的建筑空间中，从房间 1 到达房间 4 需要经过房间 2 与房间 3，共两个房间。因此房间 1 与房间 4 之间有两步的距离
连接度	与一特定空间直接相连的空间数目	在图 7-6 中的建筑空间中，房间 5 与房间 4、房间 7、房间 8 三个房间直接相连。因此房间 5 的连接度为 3
控制度	直接相连空间连接度的倒数之和	在图 7-6 的建筑空间中，房间 3 与房间 4、房间 2 直接相连。房间 2 的连接度为 2，房间 4 的连接度为 3。因此房间 3 的控制度约为 0.83（1/2+1/3）
整合度	空间的相对对称性的倒数	$RA_i=\frac{2(MD-1)}{(n-2)}$ and $RRA_i=\frac{RA_i}{D_n}$ $D_n=\frac{2\{n[\log_2((n+2)/3)-1]+1\}}{(n-1)(n-2)}$ *RA*= 相对对称性。*MD*= 平均深度，一空间到达所有其他空间深度的平均数；*n*= 系统中的空间数目，公式来源：Jiang 等[44]

7.3.2　指标应用及行为影响

在建筑设计领域，空间句法理论可帮助解析建筑的空间组织关系，因此已被应用到建筑方案的选比[47]、建筑内部视域分析[48]，以及不同历史时期住宅演化等研究中。Wineman 等[49]应用直接视觉可达性（Direct Accessibility）与间接视觉可达性（Indirect Accessibility）两个指标探索视线对博物馆参观者行为的影响，发现拥有较高直接视觉可达性的展品能吸引更多的参观者。城市街道空间特征的研究主要分为两方面，包括街道空间的组织关系，以及这些空间组织关系对使用者行为，尤其是步行行为的影响。对于第一方面，空间句法理论被应用到历史街区空间分析、城市空间的历史演变、城市路网空间形态、城市公共文化设施可达性、小区内部可达性、街道空间特征与建筑密度等分析中。对于第二方面，学者们认为城市路网的空间组织关系（Configuration）是影响使用者人流的主要因素[46]。高整合度、高控制度的城市街道与大规模人流及步行行为相关，包括游憩散步行为数量、步行人流量等。另外，城市路网的空间组织关系也与消费者的消费行为相关[50]，位于中心位置的商铺更具吸引力。

7.3.3　空间句法理论与城市开放空间规划设计

空间句法理论相关指标可以定量测量城市开放空间的空间组织关系，预测游人使用状况，指导场地与设施布局，为城市开放空间的设计与管理提供依据（表 7-2）。例如，连接度测量与某一场地直接相连的空间数目，可定量描述空间整体布局特征。基于线性组织的公园，每个场地通常只与两到三个园路或场地相连，连接度较低。相反，在均匀布局模式中，多个园路连接相同场地，连接度较高（图 7-7）。连接度高的区域，拥有较多出入口，穿过性人流大，影响静态活动，更适合布局动态活动。整合度测量某一场地是否能方便到达其他所有区域。整合度高的区域可达性好，能方便到达其他区域，通常情况下人流量较大，适合布局使用率高的重要设施。举行大规模活动时，这些区域容易发生人流拥挤，有一定的安全隐患。可达性低的地方，人流较少，适合布局使用频率低的设施；也由于人流较少，容易发生不文明或犯罪行为，需要格外关注。深度测量不同区域的相对隔离程度。如果一个区域离各个入口的平均深度较小，则这一区域在公园的外围部分，从入口可方便到达。如果篮球场与静态活动草坪之间的深度较小，表明这两个场地之间相隔较近，容易互相干扰。

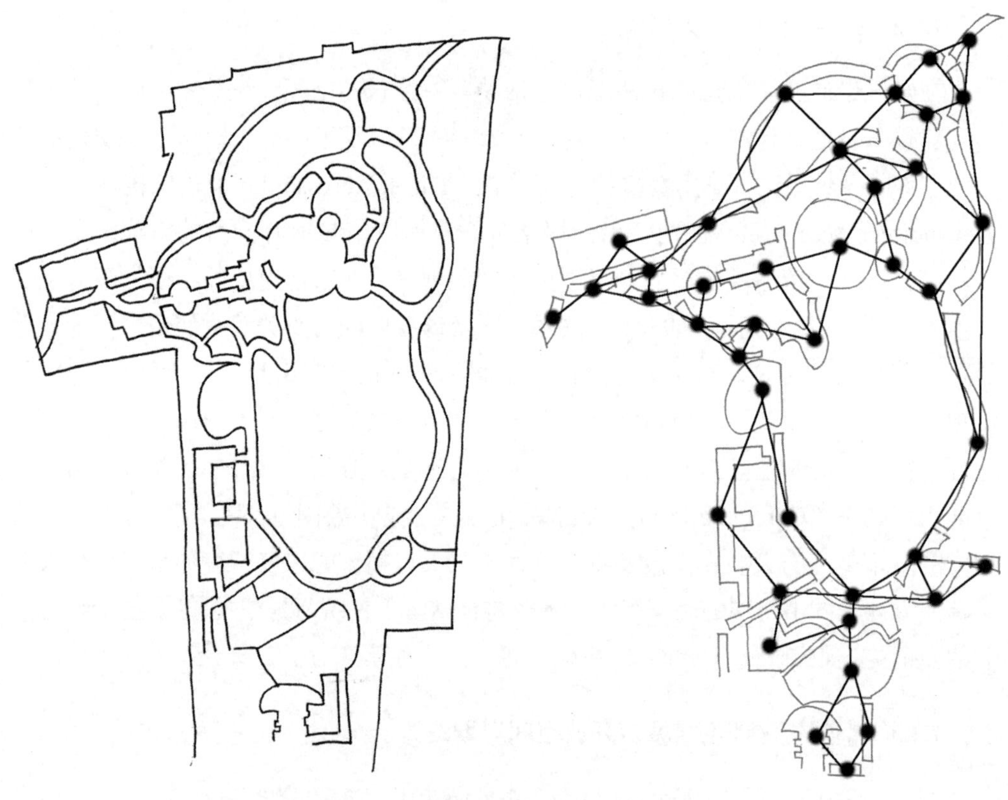

图 7-7 城市公园中的空间连接关系

表 7-2 空间句法理论相关指标的意义与在城市开放空间中的应用

概念	定义	空间组织关系含义	使用状况 / 设计启示
连接度	直接相连的空间数目	• 连接度高的区域能方便到达多个相邻空间 • 线性空间布局中，连接度较低 • 均质布局空间中，连接度较高	• 连接度高的区域，穿行人流较多，适合布局动态活动与设施 • 连接度低的区域，穿行人流较少，适合布局静态活动与设施
整合度	系统内的可达性，即到达系统内其他所有空间的方便程度	• 整合度高的区域，能方便地到达公园中其他所有场地，是公园的核心区域 • 整合度低的区域，不能方便到达公园中其他所有场地，在公园中位置较偏	• 整合度高的区域，使用者能从各个区域方便到达，适合布局使用频率高的设施 • 整合度高的区域，人流量较大，举行大规模活动时，容易发生拥挤 • 整合度低的区域，使用者不能方便到达，适合布局使用率低的设施 • 整合度低的区域，人流较少，易发生不文明或犯罪行为

（续表）

概念	定义	空间组织关系含义	使用状况 / 设计启示
深度	从一空间到另一空间需要穿过的最少空间数目	• 两个区域之间的深度较小，这两个区域相隔较近 • 两个区域之间的深度较大，这两个区域相隔较远	• 距离公园各个入口的平均深度较小，则从各个入口都能方便到达这一区域，这一区域属于公园的外围部分；反之，这一区域在公园的内部地带，不容易从入口到达 • 静态活动场地与动态活动场地之间深度较大，则干扰较小；反之，则干扰较大

第8章
空间尺度

本章将介绍城市开放空间开敞感与围合感的相关理论，并将讨论城市开放空间设计中的常用尺度。

城市开放空间的空间尺度能极大地影响使用者的感知与行为，十分重要。特别地，较强的开敞感或是围合感都受到使用者的喜爱。使用者对开敞感、围合感都较弱的场地与环境偏好度欠佳。在城市开放空间规划设计中，我们需要充分考虑市民对开敞感、围合感的感知需要，设计相应的活动与自然空间。

8.1 开敞感

人们倾向于喜欢具有开敞感的景观空间[4, 51]。现有研究发现开敞感是能够预测人们对不同景观喜爱程度的最重要设计特征之一[51, 52]。同时，景观开敞感以及开敞感与围合感之间的平衡，还能帮助人们恢复定向注意力，缓解精神疲劳，达到疗愈的效果[53, 54]。在一项针对意大利乡村景观的研究中，研究者发现人们对景观的偏好与景观的开敞性相关[52]。瞭望—庇护理论认为人们喜欢既有遮蔽物又有开敞视野的环境。但是人们对于开敞感的喜爱往往也受到自身文化或生活环境的影响[55]。开敞感能提供开敞的视野，而围合感则提供安全感，这些都有助于恢复精力，带来心理健康益处[54]。针对荷兰自然景观的一项研究指出，500米范围为近景，中景的边界在1 000～1 500米，超出这一范围的为远景[31]（图8-1）。相似地，在针对森林景观的研究中，有研究者指出500米之内应被视为近景，在这一范围内可以区分树木的颜色与形态；中景应为500～1 000米，这一范围内我们能区分上层乔木的群落；大于2 000米的距离应为远景，这一距离之外，我们只能看到山脊的轮廓[56]。值得一提的是，上述研究针对的是山川、郊野等纯自然景观，而城市开放空间中很难有如此开敞的空间。

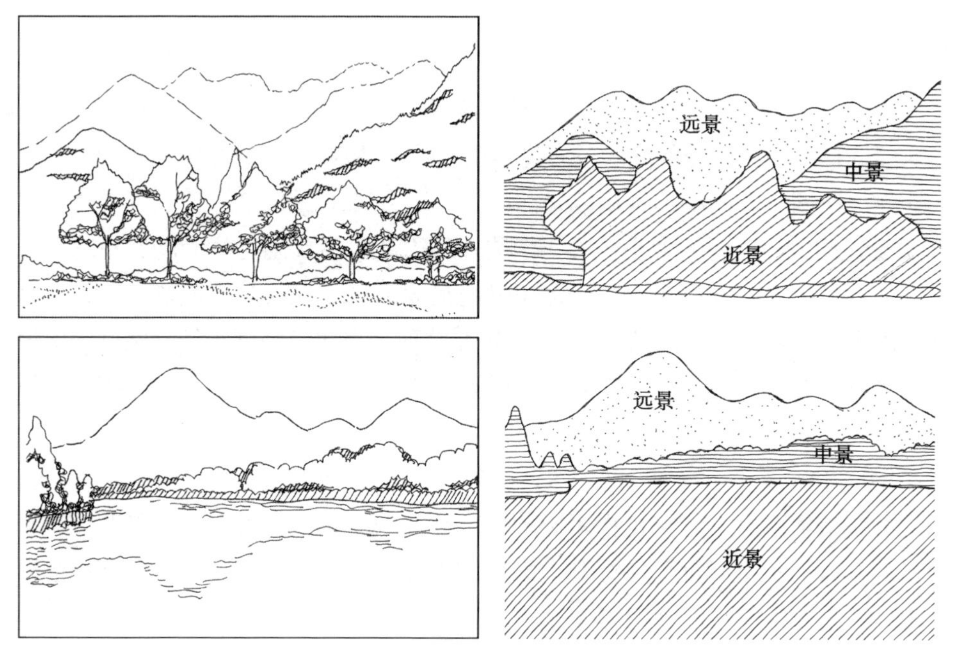

图 8-1　近景、中景与远景

现有研究指出，我们与观景物的距离及观景观物的高度比例（D/H）也能影响开敞感，当比例为 1 时，我们能很清晰地看到景物的细节；当比例为 2 时，我们能较清晰地看到景物；当比例为 3 时，能创造一些全景照片的感觉；当比例为 4 时，我们只能看到景观的全景，而不能看清楚一些细节信息[56](图 8-2)。

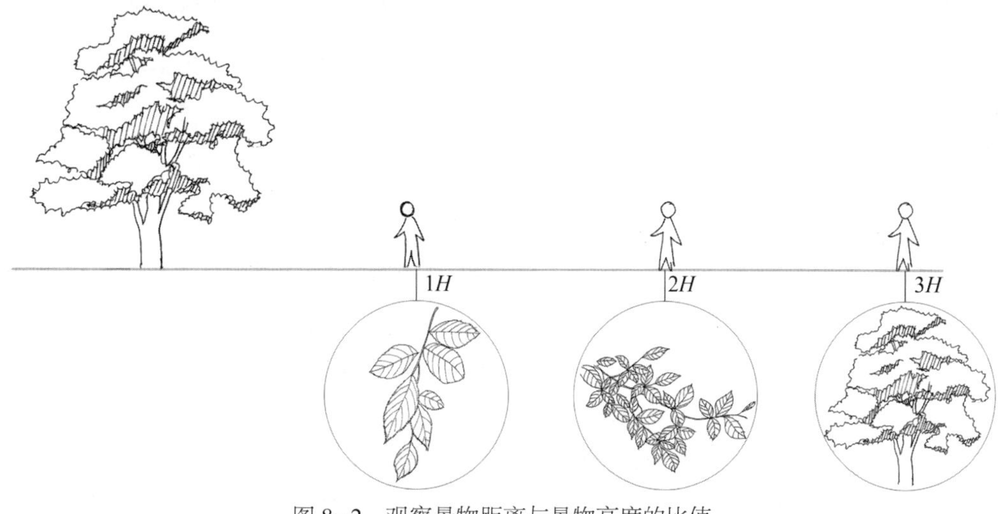

图 8-2　观察景物距离与景物高度的比值

8.2 围合感

现有医学研究表明，人的大脑中有特定的区域对用墙围合出的空间作出反应，但是对于同样的但不围合的墙却没有过多反应[57]。城市设计研究中应用天空所占视野的比例以及四个方向的最远视线来测度空间围合感（图 8-3）[58]。围合感还与使用者能看到的平面空间的大小相关，渗透性理论证实围合感与我们能看到的视野中的平面的面积相关，并提出每隔一定角度连接观测点与视线遮挡点的方法，粗略计算视野的平面面积[59]。针对城市街道的研究发现，用建筑高度与街道宽度的比值来度量围合感时，高 / 宽比为 0.75 时，使用者觉得最为舒适与安全[60]。但高 / 宽比与舒适感并不是线性关系。当高 / 宽比小于 0.75 时，舒适感与高 / 宽比正向相关，也就是越围合越舒适；但当高 / 宽比大于 0.75 时，舒适感与高 / 宽比负向相关，也就是越开敞越舒适。这一结论也提示影响城市开放空间偏好的因素较为复杂，具有高围合感与开敞感的空间都可以提升大家对城市开放空间的偏好。相反，既不很围合又不很开敞的空间受欢迎度相对较低。

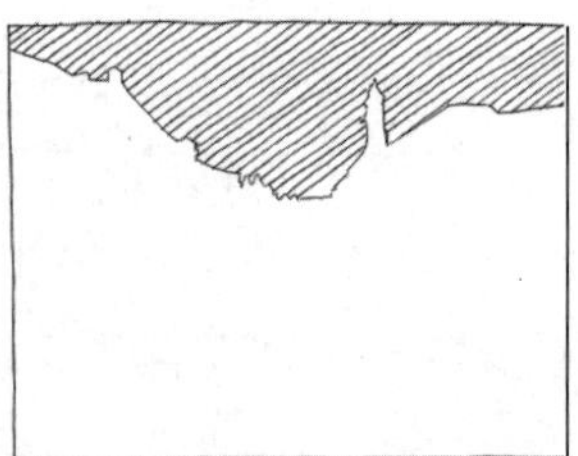

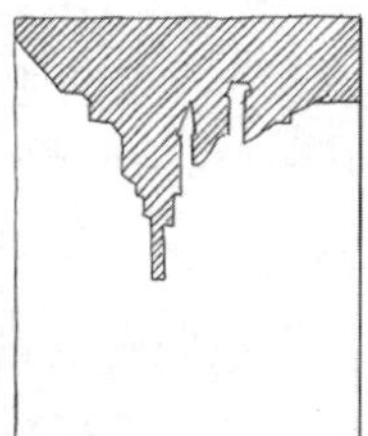

图 8-3　利用天空占视野的比例测度围合感

8.3 城市开放空间中的尺度

一般来说，公园中的主园路在 3 米宽以上，次级园路约 2 米宽，小于 1.5 米宽的园路会产生很强的围合感。0.8～0.9 米宽的小径可供一人行走；1.5 米宽的园路可供两个人行走，但需避让对面方向行人；2 米宽以上的道路可使人较为舒适地并排行走；3 米宽以上的道路较为舒适，可容纳两个方向的行人；4.5 米宽以上的道路较为宽敞，围合感较弱，多用于面积较大的公园中。

对于硬质场地来说，小于 1 000 平方米，也就是 30 平方米左右的广场属于小型广场。500 平方米左右的广场就可容纳小规模群体性活动，例如太极拳等。

1 000 平方米的场地较为宽敞，可容纳多组活动（图 8-4）。5 000 平方米，也就是 70 米左右见方的场地使人有较强的开敞感。作者基于虚拟环境的一项研究发现，近四成的人觉得 30 米 × 20 米的场地比较小，近六成的人觉得 35 米 × 50 米的场地比开阔，但当场地尺度扩大到 50 米 × 70 米时，所有观测者都觉得这一场地比较宽敞；当园路两边有高大树木时，人们觉得 4 米宽的园路比较适中[61]。因此，具体规划设计实践中，在用地允许的情况下，可尽量布置尺度大于 50 米见方的草坪或水面，为使用者创造体验开敞感的机会。

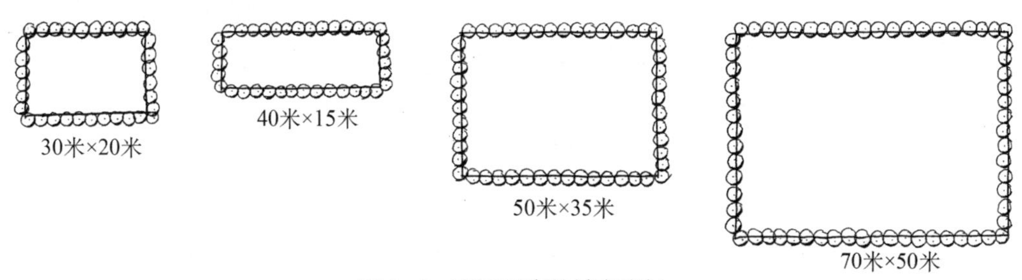

图 8-4　不同尺度的城市广场

第9章 视觉景观理论

本章将介绍视觉景观理论的主要内涵及视觉景观品质评价的主要方法。

9.1 视觉景观

视觉景观理论最早由环境心理学家开普兰夫妇于20世纪70年代提出。开普兰夫妇认为人们在物质空间中的体验大多是一种视觉体验[18]。通过视觉信息，我们感知外部环境。例如，人们用双眼看到宽敞的房间与远处的山川，而很少通过触摸房间的墙壁与山川的植物来体验这些空间。因此，视觉信息对于环境感知与体验意义重大。后来的研究者为视觉景观下了明确定义，即“视域中所有可见物的总和，即使这些可见物分散在不同空间区域”[62]。这一定义强调视域中所有视觉要素，而没有区别要素的空间关系。开普兰夫妇认为可以通过视觉景观评价，找到人们偏好的景观特征[18]。研究者们认为，如果美感是景观空间的一种属性，那么，通过解析景观空间的一些物理要素组成，我们能够解析带来美感的景观要素[63]，从而营造受人喜爱的景观空间。那么，视觉景观品质的评价过程也就是确定不同景观空间相对美感的过程[3]。现有研究发现，有一定专业知识的专家与普通人群对景观的偏好有一定的差异性[64]。类似地，空间句法理论认为环境可被视为由“一系列可见的真实平面所组成的”[40]，同时提出视线是影响使用者人流与体验的重要因素，基于此观点，提出了用轴线地图（Axial Line Map）与凸边形地图（Convex Map）两种方法表达与抽象空间的组成[41-43]。例如，凸边形地图中，每一个凸边形可表示使用者的视域，通过划分视域，可以将公园空间划分为不同的独立空间（图9-1）。结合这些独立空间的连接关系，可以进一步分析城市开放空间的空间组织关系。

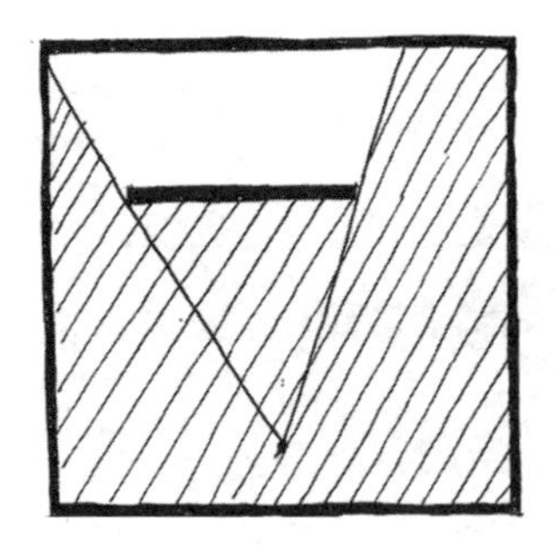
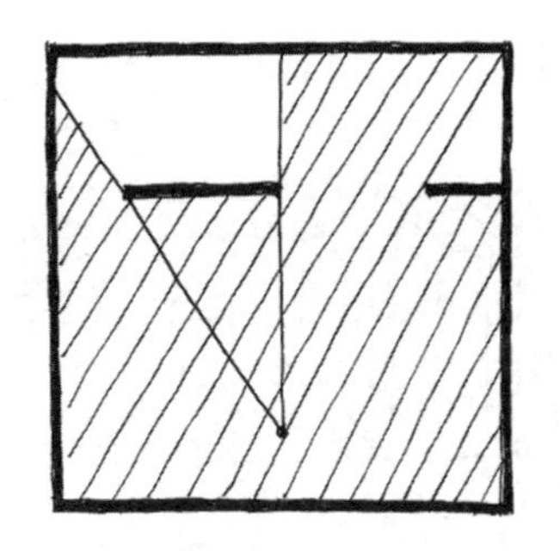
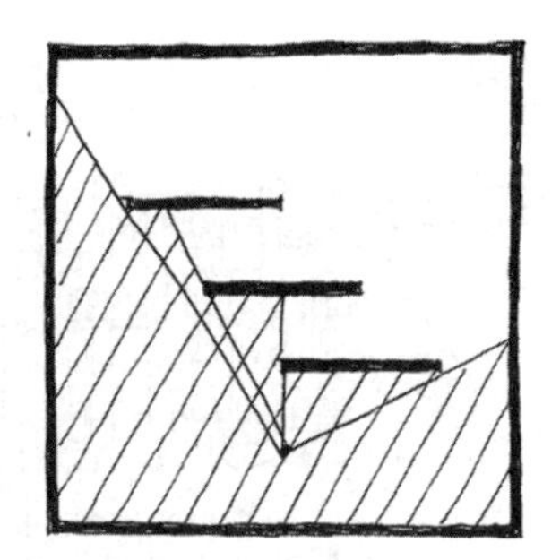

图 9-1　根据视域范围分割不同空间

9.2　视觉景观品质评价

研究者们提出了多个普适与特定理论框架用以评价视觉景观品质。普适性解析框架可应用到各类型景观空间中，特定解析框架针对一种或几种类型的景观，例如森林景观与乡村景观[65]。对于普适性解析框架，谢帕德（Sheppard）提出应在两个层面解析景观元素，即空间关系与局部特征[62]。空间关系包括：①全景（大片区域一览无余）；②特征元素（吸引视线的主要景观元素）；③围合感（视线被周围物体限定）；④焦点（视线集中在一个特定方向）（图 9-2）。局部特征包括：①遮罩（视线被头顶物体限定）；②细部特征。现有研究指出人们更喜欢开敞的空间。路径，与相邻空间的视觉联系，简单明确的空间结构都是受使用者喜爱的视觉特征。与相邻空间之间关系清晰、易识别性高的景观空间也受到人们的喜爱[66]。

特定解析框架方面，针对森林景观，美国土地管理局提出了视觉资源管理条例[67]和七个森林景观视觉元素：地形、植被、水文、颜色、附近风景、稀缺性和文化影响。同时，指出视觉景观品质评价中的三个区域：前景 / 中景、背景和隐约看见的景色。在历史小镇的研究中，研究者提出八种视觉景观元素：植被、地形、自然、水资源、人造元素、结构、天空和颜色[68]。乡村景观的六大视觉要素包：景观的荒野度、保存完好的人造元素、植物覆盖率、水体面积、山体和颜色对比度[69]。在植被景观偏好的研究中，景观空间则被归纳为沙漠、苔原、草原、针叶林、落叶林和热带雨林几种类型[53]。未来研究与设计实践中需要进一步提炼各个视觉景观要素的关系，以及在定量层面测量这些关系的方法，从而探索能对景观偏好产生重要影响的视觉景观特征。

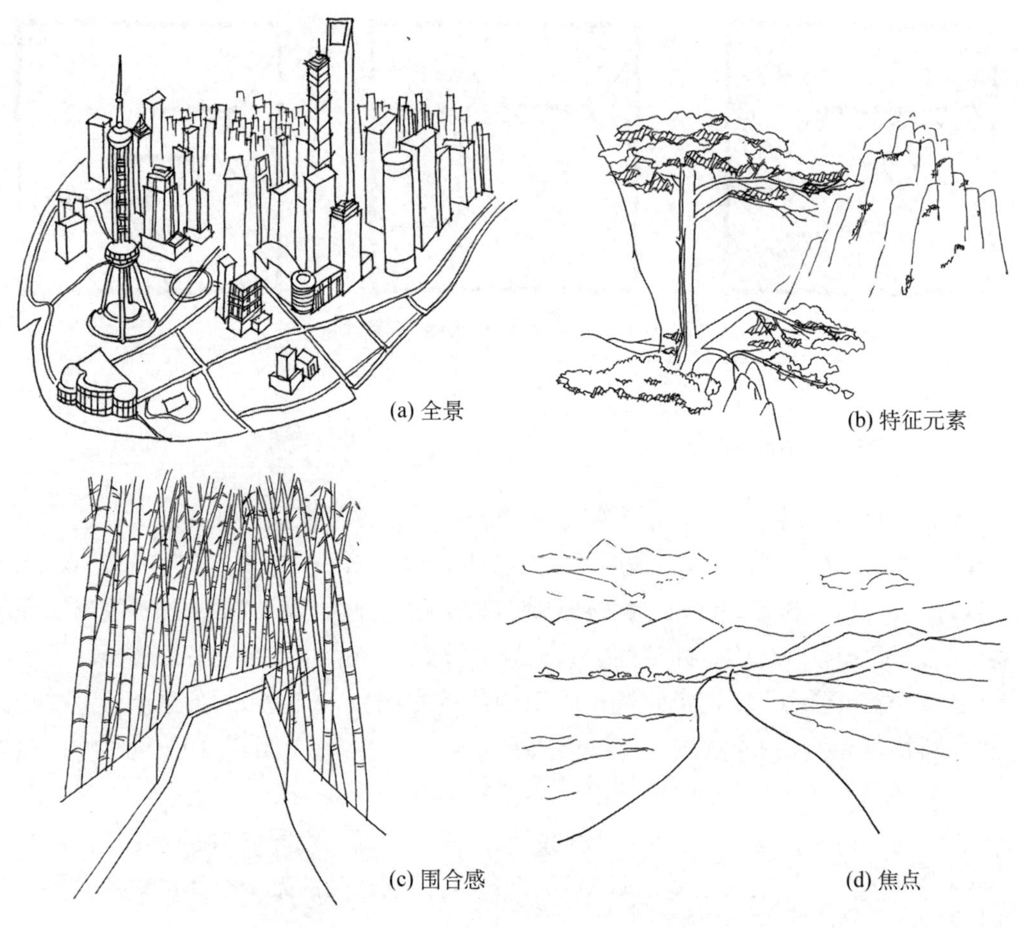

图 9-2　城市开放空间设计特征的空间关系

另外，虽然世界各地的研究提出了多个模型，但并未形成统一的、得到公认的城市开放空间研究框架。研究者大多就自己感兴趣的方面，开展深入的研究。例如，有些研究者聚焦于植物的密度对景观偏好的影响，有些研究者关注自然环境与建成环境的差异，有些研究者则探索了特定人群对于城市景观的偏好，例如老年人的景观偏好。现有研究发现性别、年龄、教育程度、职业分类等因素也能影响景观偏好[70, 71]。例如，40 岁上下的中年人更偏爱中度密度的植被，受教育程度更高的受访者更喜欢中等密度至高密度的植被[72]。老年人更喜欢有景色、游步道、窗户的空间[73]。对于同一场景，使用者和非使用者之间的态度也会有显著差异[74]。颜色的数量和多样性对视觉偏好也有较大的影响[75]。

第10章
特色与设施

基于对上海近五十个公园的调研，本章将介绍具有特色的城市开放空间塑造方法，以及场地与设施的定量导控。

10.1 城市开放空间的特色塑造

城市开放空间除了满足一般的游憩需求外，还需要塑造特色，提升自身的吸引力，吸引更多游人。一般说来，城市开放空间的特色可概括为十一大要素，包括：动植物景观、人工构筑物、历史遗存、文化展馆、游憩设施、服务设施、亲水设施、节庆活动、社交活动、地理位置与设计特征。针对不同人群的游憩需求，某一两个方面上有所创新，可营造令人印象深刻的城市开放空间。在城市开放空间规划设计之初，必须深入思考开放空间的定位，打造具有特色的高品质景观空间。

动植物景观方面，可种植大面积、颜色鲜艳的植物，提升自然景观的视觉冲击力。例如，上海顾村公园中种植着樱花林，每年春季，吸引络绎不绝的游客前往赏樱。夏季荷花与秋季的银杏树也同样吸引着大量游人。人工构筑物方面，可为雕塑或其他类型的展览预留空间，也可放置造型独特的地标构筑物。历史遗存指应妥善利用场地内部的一些历史构筑物与小品，将其设计成可供游人使用的游憩设施，增加场地特色。文化展馆指可在城市开放空间中设置富有特色的展馆，并定期举办活动，例如书法展览、绘画展览与健康科普展览等。游憩设施指富有特色的儿童游乐场、运动场地、烧烤场地、滨水步道等，这些设施可承载多种多样的活动，可更好地塑造城市开放空间特色。服务设施指开放空间的一些餐饮等设施，例如风景优美的咖啡店与自习室等，这些设施对年轻群体有较大吸引力。亲水设施指沙滩与码头等设施，这些设施可承载多样的亲水活动，受到游人喜爱。节庆活动指城市开放空间中举办的美食节、体育节、灯光秀等活动，可极大地提升吸引力。社交活动指自发或有组织地进行的交流活动，例如英语角等兴趣小组交流、瑜伽小组交流等。地理位置指城市开放空间所处的位置，在规划设计之初，应充分分析规划场地的区位特征，有效利用区位资源。例如，应将主要出入口设置在离地铁站或公交车站较近的位置，方便市民出入；也可在人流密集区域设置与开放空间相关的雕塑或构筑物，吸引市民前往。

设计风格特色是指可利用景观设计的形态与风格要素，塑造具有特色的城市开放空间。例如采用大小、颜色不一的圆形基本形，创造丰富的视觉体验。或在规划设计中融入中国古典、西式园林的样式等（表 10−1）。

表 10−1　城市开放空间特色塑造

一级要素	二级要素	具体含义	案例
动植物景观	花卉树木	鲜艳的花卉与色叶植物	樱花（上海顾村公园）、菊花（上海共青森林公园）、桂花（上海桂林公园）、梅花（上海莘庄公园）、郁金香（上海静安雕塑公园）、银杏树（上海古城公园）、荷花（上海莘庄公园、上海人民公园）
	自然景观	森林与开阔大草坪等	森林（上海共青森林公园）、大水面（上海长风公园）
	动物	公园中饲养的动物	动物园（上海和平公园）、黑天鹅（上海徐家汇公园）
人工构筑物	雕塑	放置在室外空间的艺术雕塑	牛顿的构思（香港九龙公园）、Agora 集会雕塑群（芝加哥格兰特公园）、城市的创变者（上海静安雕塑公园）
	喷泉	音乐喷泉等喷泉	迪拜音乐喷泉（迪拜塔旁湖面）、皇冠喷泉（芝加哥千禧公园）
	小品	景观构筑小品	球形镜“云门”（芝加哥千禧公园）
历史遗存	构筑	历史留存下的构筑物	大烟囱、红楼（上海徐家汇公园）、船坞钢棚（中山岐江公园）
文化展馆	展馆	博物馆与艺术馆等展馆	芝加哥艺术博物馆（芝加哥千禧公园）、自然博物馆（上海静安雕塑公园）、海洋世界（上海长风公园）
游憩设施	儿童游乐场地	供儿童游乐的场馆与设施	微冒险、感官激发、非结构化自然类游戏场地（新加坡雅格·巴拉斯儿童花园）、儿童游乐设施（上海共青森林公园）
	运动场地	健身设施、跑步道等	跑步、自行车道（纽约中央公园）

（续表）

一级要素	二级要素	具体含义	案例
游憩设施	野餐烧烤	野餐与烧烤场地	集市烧烤（巴黎杜乐丽花园）、野餐烧烤（上海共青森林公园）
	滨水步道	沿大水面展开的散步道	滨水步道（加拿大防波堤公园）、滨水园路（上海长风公园）
	表演场地	表演舞台与场地等	滨水表演场地（纽约漂浮公园）
服务设施	固定餐饮	美食街、店铺等	农场餐饮园（意大利 FICO Eataly World）
	流动餐饮	餐车等零售点	公园中的咖啡与零食餐点等
亲水设施	沙滩	沿水面的游憩沙滩	迪拜海滩公园、芝加哥湖滨沙滩、白沙滩（上海大宁灵石公园）
	游船	脚踏船、电动船等	码头（芝加哥海军码头公园）、游船（上海长风公园）
节庆活动	音乐活动	音乐节等表演	古典音乐系列音乐会（芝加哥格兰特公园）、森林音乐会（上海共青森林公园）、即兴表演（上海静安公园街头表演）
	体育活动	马拉松等赛事	芝加哥马拉松赛（格兰特公园）
	展览活动	花展、艺术展等	服贸展览（北京奥林匹克公园）、菊花展（上海共青森林公园）
	美食活动	美食节	农产品加工展示（意大利 FICO Eataly World）
	灯光秀	投影灯光秀	建筑投影灯光秀（悉尼歌剧院灯光秀）
社交活动	社交活动	团建、相亲等活动	英语角（上海人民公园）、相亲活动（上海人民公园）
地理位置	区位	位于商圈与城市中心区，周边餐饮等服务设施齐全	纽约中央公园（曼哈顿中心）、上海古城公园（城隍庙、豫园、外滩附近）、上海静安公园（紧邻餐饮、百货）
	交通	地铁等公共交通便利	上海顾村公园（地铁可直达）
设计特征与风格	古典园林	中国古典园林样式	黄金荣别墅（上海桂林公园）、亭台楼阁（上海莘庄公园）
	几何形式	正交形态为主	四川像素乐园、苏格兰宇宙思考花园
	自由流线	流线形态为主	美国田纳西那什维尔坎伯兰公园（云桥）

城市开放空间中的场地与设施主要包括游憩设施与服务设施两种（表 10-2）。游憩设施是指承载游憩活动的各种设施，可极大地影响使用者的游憩体验，例如儿

童游乐设施、跑步道、球场等。服务设施指为使用者提供服务的设施，例如茶馆、厕所与母婴室等。在规划设计之初，应在定量层面明确这些场地与设施的配置比例，使其更好地满足游人的游赏需求。

表 10-2　城市开放空间中常见的游憩与服务设施

游憩设施	一般活动类	园路、广场、草坪、水体、树林
	运动类	跑道、健身器材场地、羽毛球场、极限运动类
	亲水类	沙滩、游船码头、水上栈道
	儿童活动类	儿童无动力活动设施、儿童动力活动设施
	文化教育类	展览馆、活动馆、自习室
	观演类	小剧场、室外表演场、室外电影放映场
	社交类	座椅、遮阳及遮雨设施、观景亭廊、烧烤场地
服务设施	餐饮类	餐厅、茶室、咖啡馆、饮水点
	卫生类	厕所、垃圾箱
	信息类	信息栏、标识牌、阅报栏

10.2　上海社区与综合公园场地与设施调查

本节将介绍上海公园活动场地与设施的配置情况。首先，在上海市公园中，选取 29 座社区公园与 19 座综合公园，分析其场地与设施的配置现状。这 48 座公园大都坐落于上海中环以内，周边人口密度较大，公园访问人次较多。29 座社区公园包括：① 东安公园，② 江浦公园，③ 金桥公园，④ 康健园，⑤ 罗溪公园，⑥ 梅园公园，⑦ 蓬莱公园，⑧ 安亭市民广场，⑨ 共和公园，⑩ 友谊公园，⑪ 四季生态园，⑫ 凉城公园，⑬ 四川北路公园，⑭ 嘉定区儿童公园，⑮ 交通公园，⑯ 岭南公园，⑰ 古藤园，⑱ 吴泾公园，⑲ 泾东公园，⑳ 兰溪青年公园，㉑ 梦清园，㉒ 长寿公园，㉓ 珠溪园，㉔ 思贤公园，㉕ 漕溪公园，㉖ 工农公园，㉗四平科技公园，㉘莘庄公园，㉙黎安公园。19 座综合公园包括：① 长风公园，② 人民公园，③ 黄兴公园，④ 静安公园，⑤ 徐家汇公园，⑥ 世纪公园，⑦ 闵行体育公园，⑧ 杨浦公园，⑨ 顾村公园（一期），⑩ 新城公园，⑪ 和平公园，⑫ 广场公园，⑬ 滨海公园，⑭ 闸北公园，⑮ 古华公园，⑯ 陆家嘴中心绿地，⑰ 曲阳公园，⑱ 鲁迅公园，⑲ 桂林公园。基于 CAD 测绘图纸与实地勘察，研究主要针对两种活动场地与设施的配置情况，包括游憩场地与设施，以及服务与管理设施（表 10-3、表 10-4）。

表 10-3　29 座社区公园场地与设施指标

			最小值	最大值	平均值	标准差
绝对值指标	1	公园总面积（m^2）	4 948	257 196.0	58 284.6	59 490.33
	2	园路总长度（m）	131.5	6 840.0	2 081.1	1 847.64
	3	主园路长度（宽度≥ 3 m）	0	4 500.0	976.1	1 034.18
	4	次园路长度（宽度≥ 3 m）	0	4 922.0	1 105.0	1 195.45
	5	广场总面积（m^2）	0	8 233.0	2 322.4	1 971.89
	6	大型广场总面积（面积≥ 1 000 m^2）	0	5 338.0	939.9	1 432.85
	7	小型广场总面积（面积＜ 1 000 m^2）	0	4 757.0	1 382.5	1 353.43
	8	草坪总面积（m^2）	0	13 680.0	2 174.8	3 623.02
	9	水体总面积（m^2）	0	88 154.0	8 890.7	19 022.74
	10	球场总面积（m^2）	0	2 046.0	380.8	637.21
	11	跑道总长度（m）	0	1 270.0	102.9	270.37
	12	免费儿童活动设施总面积（m^2）	0	2 453.4	207.1	477.30
	13	健身场地总面积（m^2）	0	1 000.0	89.1	253.77
	14	收费游乐设施总面积（m^2）	0	3 355.0	433.8	861.50
	15	展览馆 / 活动馆总面积（m^2）	0	2 839.8	234.5	590.91
	16	遮阳设施总个数	0	15.0	4.7	4.04
	17	餐厅 / 茶室总面积（m^2）	0	988.3	75.7	198.26
	18	零售点总面积（m^2）	0	253.0	13.3	49.14
	19	厕所总个数	1	5.0	1.8	1.07
	20	垃圾箱总个数	10	68.0	30.7	14.10
	21	标识牌总个数	1	90.0	28.0	25.04
	22	阅报栏总个数	0	2.0	1.1	0.52
	23	饮水点总个数	0	4.0	0.9	0.90
	24	座椅总个数	4	288.0	68.9	55.90
	25	园路密度（m/hm^2）	95.99	1 322.1	420.0	291.16
	26	主园路密度（m/hm^2）	0	698.9	175.9	135.40
	27	次园路密度（m/hm^2）	0	1 222.7	244.0	256.83
	28	广场面积与公园面积比（m^2/hm^2）	0	2 973.1	645.1	625.70
	29	大广场面积与公园面积比（m^2/hm^2）	0	943.2	219.5	291.34

（续表）

			最小值	最大值	平均值	标准差
相对值指标	30	小广场面积与公园面积比（m^2/hm^2）	0	2 973.1	425.6	648.66
	31	草坪面积与公园面积比（m^2/hm^2）	0	2 671.0	337.7	568.51
	32	水体面积与公园面积比（m^2/hm^2）	0	3 427.5	911.8	825.42
	33	球场面积与公园面积比（m^2/hm^2）	0	529.2	80.3	144.97
	34	跑道长度与公园面积比（m^2/hm^2）	0	362.0	29.9	77.93
	35	儿童游乐设施与公园面积比（m^2/hm^2）	0	256.4	38.3	62.19
	36	健身场地与公园面积比（m^2/hm^2）	0	269.7	19.2	55.44
	37	收费游乐设施面积与公园面积比（m^2/hm^2）	0	447.5	69.0	134.72
	38	展览馆面积与公园面积比（m^2/hm^2）	0	783.8	60.6	160.81
	39	遮阳设施个数与公园面积比（n/hm^2）	0	4.1	1.3	1.25
	40	餐厅 / 茶室面积与公园面积比（m^2/hm^2）	0	721.4	32.0	133.33
	41	零售点面积与公园面积比（m^2/hm^2）	0	75.1	3.7	14.51
	42	厕所个数与公园面积比（n/hm^2）	0.12	2.1	0.5	0.47
	43	垃圾箱个数与面积面积比（n/hm^2）	1.5	20.2	8.1	4.69
	44	标识牌个数与公园面积比（n/hm^2）	0.39	23.8	6.4	5.12
	45	阅报栏个数与公园面积比（n/hm^2）	0	2.0	0.4	0.41
	46	饮水点个数与公园面积比（n/hm^2）	0	0.8	0.2	0.25
	47	座椅个数与公园面积比（n/hm^2）	3.81	62.8	17.3	14.00
	48	垃圾处理站个数与公园面积比（n/hm^2）	0	2.0	0.2	0.39
	49	监控个数与公园面积比（n/hm^2）	0.5	20.2	6.8	5.99
	50	游客中心面积与公园面积比（m^2/hm^2）	0	23.6	2.5	5.63
	51	管理办公用房面积与公园面积比（m^2/hm^2）	2	259.4	59.3	57.10
	52	养护工具房面积与公园面积比（m^2/hm^2）	0	123.9	19.2	25.54

表 10-4　19 座综合公园的游憩场地与设施

			最小值	最大值	平均值	标准差
绝对值指标	1	公园总面积（m^2）	3.1	180	32.7	47.26
	2	园路总长度（m）	970	29 415	6 484.7	6 812.24
	3	主园路长度（宽度≥ 3 m）	49	17 100	3 534.5	4 347.12
	4	次园路长度（宽度≥ 3 m）	170	12 315	2 950.2	2 823.39
	5	广场总面积（m^2）	0	18 167	6 143.3	5 107.64
	6	大型广场总面积（面积≥ 1 000 m^2）	0	17 871	4 402.4	4 957.48
	7	小型广场总面积（面积＜ 1 000 m^2）	0	5 000	1 740.9	1 545.18
	8	草坪总面积（m^2）	0	89 545	9 376.4	20 190.77
	9	水体总面积（m^2）	1 997.6	295 190	57 444.3	80 666.57
	10	球场总面积（m^2）	0	23 000	2 626.6	6 455.41
	11	跑道总长度（m）	0	1 250	351.9	372.46
	12	免费儿童活动设施总面积（m^2）	0	6 311	759.5	1 586.84
	13	健身场地总面积（m^2）	0	1 000	95.9	244.63
	14	收费游乐设施总面积（m^2）	0	80 758	6 604.9	18 196.27
	15	展览馆 / 活动馆总面积（m^2）	0	10 814	1 760.5	3 165.64
	16	遮阳设施总个数	2	56	11.3	12.00
	17	餐厅 / 茶室总面积（m^2）	0	4 789	906.4	1 174.10
	18	零售点总面积（m^2）	0	670	137.8	209.50
	19	厕所总个数	1	22	5.6	5.06
	20	垃圾箱总个数	33	1 024	129.4	222.92
	21	标识牌总个数	9	415	84.8	92.51
	22	阅报栏总个数	0	5	2.3	1.56
	23	饮水点总个数	0	4	2.0	1.27
	24	座椅总个数	29	500	204.3	146.80
	25	园路密度（m/hm^2）	97	629.4	290.0	146.01
	26	主园路密度（m/hm^2）	13.8	485.26	141.7	104.76
	27	次园路密度（m/hm^2）	17	374.55	148.2	90.17
	28	广场面积与公园面积比（m^2/hm^2）	0	783.78	287.7	232.68
	29	大广场面积与公园面积比（m^2/hm^2）	0	667.98	185.1	220.89
	30	小广场面积与公园面积比（m^2/hm^2）	0	307.1	102.6	89.90
	31	草坪面积与公园面积比（m^2/hm^2）	0	1 038.6	302.5	330.30

（续表）

			最小值	最大值	平均值	标准差
相对值指标	32	水体面积与公园面积比（m^2/hm^2）	265.27	4 117.7	1 578.2	1 055.94
	33	球场面积与公园面积比（m^2/hm^2）	0	446.7	65.4	129.70
	34	跑道长度与公园面积比（m^2/hm^2）	0	147.6	23.6	35.91
	35	儿童游乐设施与公园面积比（m^2/hm^2）	0	203.7	38.4	61.89
	36	健身场地与公园面积比（m^2/hm^2）	0	46.9	5.5	12.54
	37	收费游乐设施面积与公园面积比（m^2/hm^2）	0	1 518.9	213.3	369.29
	38	展览馆面积与公园面积比（m^2/hm^2）	0	408.5	58.4	108.26
	39	遮阳设施个数与公园面积比（n/hm^2）	0.08	4.8	0.8	1.04
	40	餐厅 / 茶室面积与公园面积比（m^2/hm^2）	0	327.8	69.7	87.30
	41	零售点面积与公园面积比（m^2/hm^2）	0	30.0	5.6	9.59
	42	厕所个数与公园面积比（n/hm^2）	0.08	0.6	0.3	0.17
	43	垃圾箱个数与面积面积比（n/hm^2）	1.41	10.5	5.1	2.67
	44	标识牌个数与公园面积比（n/hm^2）	0.58	10.3	4.0	2.44
	45	阅报栏个数与公园面积比（n/hm^2）	0	0.4	0.1	0.13
	46	饮水点个数与公园面积比（n/hm^2）	0	0.3	0.1	0.10
	47	座椅个数与公园面积比（n/hm^2）	2.66	26.7	10.8	6.44
	48	垃圾处理站个数与公园面积比（n/hm^2）	0	0.3	0.1	0.09
	49	监控个数与公园面积比（n/hm^2）	0	20.2	4.2	4.68
	50	游客中心面积与公园面积比（m^2/hm^2）	0	18.9	4.5	4.62
	51	管理办公用房面积与公园面积比（m^2/hm^2）	3.23	108.3	26.4	25.77
	52	养护工具房面积与公园面积比（m^2/hm^2）	0	40.3	12.7	12.42

10.3 场地与设施的定量导控

在城市开放空间规划设计之初，需要在定量层面思考各种场地与设施的配置，使开放空间可更好地满足游人的需求。游憩设施方面，在用地允许的情况下，应布置不少于 200 平方米的儿童游乐场地与设施，为儿童提供充分的玩耍场地。我国城市开放空间中的儿童游乐设施与场地往往配置不足，儿童又是公园等开放空间的主要使用人群，在布置游憩设施时，应充分考虑儿童的需求。相比较于电动游乐设施，滑梯、攀爬架等无动力设施可以更好地促进儿童玩耍与运动，应优先考虑。健身设施与跑步道往往受到游人喜爱，可考虑在城市开放空间中布置常用的运动设施与不短于 200 米的跑道，供游人日常健身活动使用。羽毛球场、篮球场、门球场等运动场地也受到大众喜爱，可适当布置。如果用地不允许，也可布置非正规场地，例如半场篮球场等。同时，也可布置可容纳展览的展览馆、举行室外表演的表演场地等设施。另外，在园路及活动场地周围应布置数量充足的座椅，并考虑树荫、日照等小气候条件。座椅可以为游人提供休息机会，也可促进游人之间的交流，进而促进社交健康。一般来说，在主园路与使用频率较高的次园路应每隔 100 米至少设置一个座椅。平均每公顷至少设置一处遮阳设施与一个阅报栏。

在服务设施方面，应充分考虑不同游人的需求，提升城市开放空间的人性化设计。例如，为腿脚不便的老年人提供无障碍厕所，为带小孩的家庭提供母婴室，为习惯喝开水的游人提供热水，等等。另外，服务设施也可作为游人与亲友聚会、交流的场所，应提供面向不同人群的餐饮服务。例如，供老年人聚会的传统茶馆，供青年人聊天的咖啡馆，等等。同时，应充分考虑小气候等因素，布置可遮风挡雨的遮阳挡雨设施，如游廊、棚架等，为游人创造宜人的游憩体验。

第 11 章
生态设计

本章将介绍生态设计的主要任务与原则、河流生境的特点、人工湿地以及生物多样性等内容。

11.1　生态设计的主要任务、原则与策略

城市开放空间设计中包含很多自然元素，例如城市滨水空间、城市林地与湿地等。了解相关生态过程与原理可帮助我们更好地维护场地的生态环境，规划设计出符合自然规律的开放空间，促进生态环境的改善。设计界已意识到生态设计的重要性，有学者提出生态设计的主要任务：①描述场地生态系统组成；②评价生态系统健康程度；③基于生态理论提出总体布局，分析项目的生态影响；④基于生态理论开展场地设计；⑤监测重要生态功能[76]。设计师可以在生态专家的帮助下完成上述工作，进而提升项目的生态服务功能。

描述现有场地的生态组成指设计师应梳理场地内的植物与动物群落，了解附近河流与湿地的走向，并判断场地是否是重要生态廊道与斑块的组成部分。评价场地生态系统的健康程度指应进一步判断场地内的土壤、植被、野生动物的生长与生活状态，以及相关生境的主要特征。例如，场地内的土壤是否状况良好且未受到污染？场地是否涉及重要的湿地或其他生境？基于生态理论提出总体布局指在大面积规划中，应充分考虑基地在整个生态系统的作用，并遵循生态过程与原理，开展总体布局。例如，滨水空间是否是重要的生态廊道？应怎样处理水陆交接岸线以保护生物栖息地？同时，应在宏观尺度评价项目所带来的潜在生态影响。例如，垂直的人工堤岸是否对生活在浅水区域的鱼类造成危害？基于生态理论开展场地设计指在设计层面对可能造成的生态影响提出具体的应对策略，例如，采用自然式堤岸以保护生境、种植乡土树种等。另外，可考虑展示场地的重要生态功能与过程，使游人

在游赏的过程中提升生态意识。监测重要生态功能指详细计划监测场地重要生态功能的方法，例如制订每隔一周观测一次水质的计划，或每隔一个月观测湿地植物生长状态的计划，更为客观地评价规划建设带来的生态影响。

总体来讲，生态设计应遵循4R原则（Reduce, Reuse, Recycle, Renewable）。减少（Reduce）指在设计与建设过程中应尽量减少材料的使用，尤其是不可再生资源的利用。重复使用（Reuse）指在符合工程要求的前提下，尽量利用原本已经废弃的材料。循环（Recycle）指循环利用各种材料与资源，例如可通过设计雨水花园，收集雨水来灌溉植物等。Renewable（更新）指在设计过程中应充分尊重原场地的历史遗存，附加新的功能，使场地的历史与文脉得以延续。例如，在进行旧厂房景观改造时，将大烟囱、升降台等构筑物纳入场地重建，将其作为重要的历史景观资源加以利用。上述原则既关注现有资源的重新利用，又关注新建景观的运营与资源利用方式，提倡循环与可持续的资源利用方式，以减少浪费。

生态设计的主要策略包括生态保护与修复、雨洪管理、生物多样性促进、水土保持、乡土植物应用、透水铺装应用、乡土材料应用、材料循环利用、低碳材料应用与高效灌溉系统应用等。在具体的设计中，可修建人工湿地以帮助生境恢复，设计雨水花园收集雨水以促进雨水的循环利用，种植特定鸟类食用的浆果以增加生物多样性，等等。这些策略可帮助促进生物群落的多样性与稳定性，提升资源的重复利用效率，进而带来较大的生态效益。

11.2　河流的生态功能与典型构造

在生态设计中，需要首先深入了解不同生境的组成、生态功能、生态过程等。这些基本知识可以使我们在规划设计中更为精准地理解场地内自然要素的重要生态作用，进而保护这些生态要素，深刻理解相关设计的生态影响。在城市开放空间设计中，滨水空间是重要的组成部分，我们需要深入理解河流的生态功能与相关生态过程，并应用相关知识，保护与修复河流生境。

河流是重要的生态廊道。一般来说，生态廊道主要有六种功能：提供生境、传输、过滤、屏障、源与汇，河流也有上述六种生态功能。提供生境是指生态廊道可以为生物提供生存必需的食物、庇护所与水源等[77]。河流中水体含有各种藻类与植物，包括氧气与氮、磷等矿物质，这些可为河流中的动植物提供生长所需的各种营养元素与食物。同时，河流中的深潭与浅滩等也可提供动植物的生长与栖息空间，促进动植物繁殖。廊道的传输功能指为植物传播与动物迁徙提供路径。例如，河流中的鱼类沿着河道回到上游产卵，而营养物质与一些浮游动植物也可沿水流传播至整个流域。过滤指生态廊道可以去除一部分物质，例如河流两岸的湿生植物可以过滤沙石与泥土，提升水质；而防风林也可起到防风固沙的作用。屏障指有些廊道可以限制动植物的移动，例如，宽度较宽的河流两侧通常动植的种群与分布有所差异。源与汇功能主要从物种数量的角度分析生态廊道对生物繁殖的支撑作用。源指生境中物种的繁殖数量大于死亡数量，物种持续增长，例如人工种植的防风林等；汇指生境中物种的死亡数量大于出生数量，物种减少[77]。也有生物学家认为作为源的生境可以为周边生物提供有机质、能量与其他物质，而作为汇的区域则吸收周边的有机质、能量与其他物质[78]。一般来说，河流的源与汇的功能是随时间不断变化的。例如，河流中有大量的水源与营养物质，可为周边动物提供水与食物，主要发挥源的作用；而当降水较多时，水流则携带泥沙与各种营养物质进入河流，河流则发挥了汇的作用。

河流是水循环的重要组成部分。通常说来，大气中的水会以降雨的形式降落到大地面，一部分水渗入泥土，另一部分被植物吸收后通过蒸发作用再次回到空气中，完成大气与陆地间的水循环。当降水量大于渗入泥土与蒸发回空气中的水量时，便形成了地表径流。相比之下，充满硬质铺装的城市区域更容易形成地表径流。这些地表径流汇聚在一起，形成了河流。在高海拔地区，高山融化的积雪也是河流水量的主要来源。例如，我国青海省三江源地区就是长江、黄河和澜沧江的发源地。这一地区平均海拔在 4 000 米以上，有大量的高山冰川。冰川积雪融化，为三条江提供了充足的水源。为保护这一区域，我国已成立三江源国家公园。

河流也是物质循环的重要组成部分。河流中的水体可以直接溶解空气中的氧气。水中植物进行光合作用时也产生氧气。这些氧气溶解在水中，是鱼类与其他动植物生存与生长的基础。流速、温度、风环境、瀑布与跌水、水深等因素都可以影响河流水体的含氧量。当水体受到有毒物质污染时，水中藻类等植物的生长环境受到破坏，光合作用降低，水中氧气含量也将降低，影响动植物生长，造成水体污染。同时，水体也能溶解氮、磷等化学元素，这些元素为水中植物的生长提供了养分。但如果水中氮、磷等有机物过多，就会导致水体中藻类大量繁殖，氧溶解量降低，造成水体的富营养化。

一般来说，河流的水位受降雨与季节等因素的影响，呈周期性变化。洪水脉冲理论认为，水文的年周期变化可促进河流与滩地的营养物质交换。汛期时，河流中的有机物与无机物随水体涌入滩地，为滩地蓄积营养元素，促进滩地动植物的生长。水位降落时，树木等各种腐质随水流进入主河道，为河流补充有机元素等营养物质。洪水脉冲理论认为，水位的周期性变化可促进陆地生态系统与河流生态系统的能量与物质交流。

河道构造变化较多，较为复杂，沿河流流向方向，主要由深潭与浅滩组成（图 11-1）。受地转偏向力影响，河流水深最深处的连线（深泓线）往往不与河流的岸线平行。深潭往往位于河流转弯的离岸处，水面比降大，流速低，生境稳定性和异质性低。浅滩位于最深谷底线转换区域，水面比降较小，流速高，生境异质性高[78]。深潭与浅滩可为动植物提供不同的生境，自然河流中的深潭与浅滩交替出现，为动植物提供了丰富的生境，可促进生物多样性。近年来，在河流修复的过程中，许多工程通过人工手段构建河流的深潭与浅滩，也取得了较好的生态修复效果。河流的构造还直接影响河流不同位置的水流速度，可对动植物的生活与生长产生影响。直线形河流，河道中心部位流速较大。弯曲形河流，受地转偏向力影响，离岸处流速较大，形成螺旋水流，因而离岸处更容易发生水土侵蚀。

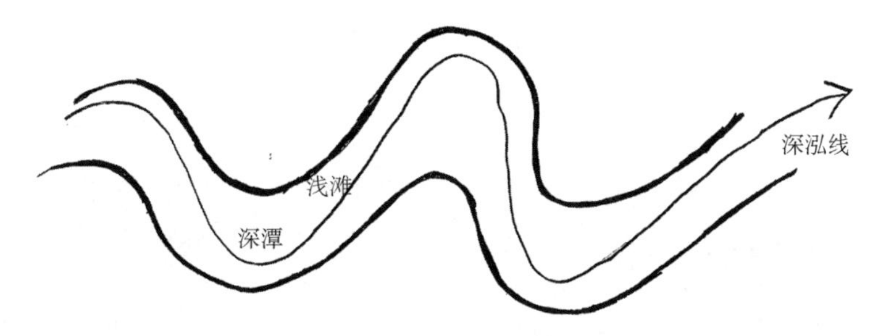

图 11-1　深潭与浅滩

总体说来，河道主要由三部分构成：主体河道、泛洪区域与河岸。主体河道是河流流经的主要区域。泛洪区是河流中有洪水时，受到洪水波及的地方。这一区域可能由湖泊、湿地、岛屿、过渡草甸等组成。河岸部分则由不同植物组成差异性较大的生境（图 11-2）。

出于防洪的需要，城市河道大多采用硬质河道，利用泛洪区域修建城市，改变自然河道的走向，这些都可能引起生态系统的不稳定，需要进行生态修复。泛洪区的开发建设可能会使汛期时洪水无法自然疏导，故而应谨慎处理防洪堤的高度，使其能抵御汛期的洪峰。现有研究与实践已利用多种技术方法修复河道生态，如利用丁坝、变直为曲等。丁坝可形成回流，促进泥沙沉积，减少水土流失，促进岸滩形成；也改变河道水深，为不同动植物创造多样的生境，供芦苇等植物生长[79]（图 11-3）。变直为曲指将直线形河道改为曲线形河道，增加陆地与水面交界面的长度。

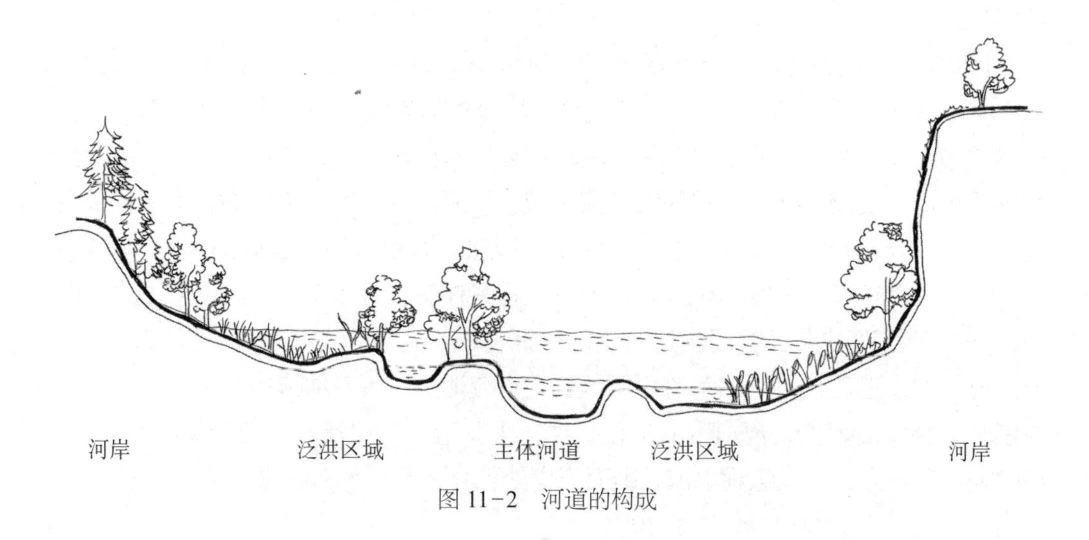

图 11-2　河道的构成

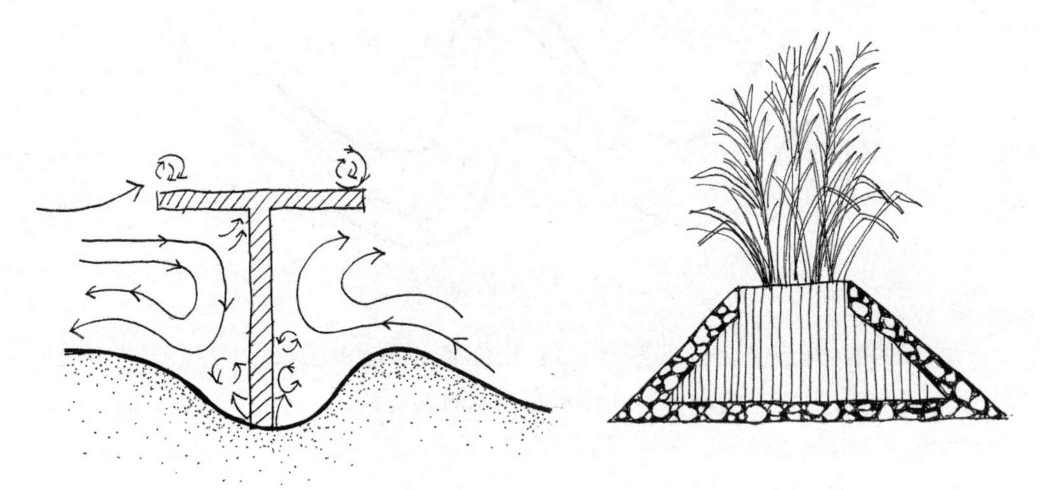

图 11-3　丁坝可改变水流方向并为植物生长提供空间

11.3　潮汐与潮间带

河道的潮涨与潮落主要受三种力的影响，包括月球引力、太阳引力与地转偏向力。对潮汐影响最大的是月球引力。地环自转，月球绕地球公转，会吸引离其较近的海水水面上涨，形成大潮。同时由于离心力的影响，地球背对月球的一侧也会形成大潮。与大潮位置垂直方向的地球表面将出现小潮。随着地球自转，地球上的同一位置一天之内会有一次离月球最近，一次离月球最远，两次在离月球最近、最远方向的垂直位置。因此，会出现两次涨潮与两次落潮。

太阳引力与月球引力相似，也能影响地球上的潮汐变化。当太阳、月球与地球处于一条直线时，太阳引力与月球引力可相互叠加，使潮水涨幅更大，出现大潮。这种情况一般一个月发生两次，在新月与满月时发生。当太阳和月球与地球的位置相对垂直时，引力相互抵消，导致涨潮比平时的潮位低，落潮比平时的潮位高，形成小潮。我国的最高潮汛一般发生在农历八月。例如，钱塘江大潮就发生在农历八月十八。我国沿海区域的海潮主要分为半日潮、日潮与混合潮三种[80]。半日潮指每天发生两次高潮与低潮。日潮指一天内只发生一次低潮与高潮，且这种情况在连续半个月内发生 7 天以上。混合潮指上述两种情况的混合。

在设计堤岸时应全面考察河道的水位情况，确定堤岸的设计高水位与设计低水位。一般来说，设计高水位为高潮累积 10% 的水位标高。也就是说，如果观测了 100 天的高潮位，从高到低排序，以第 10（100 × 10%=10）高的潮位为设计高水位。设计低水位为低潮累积频率的 90%。也就是说，如果观测了 100 天的低潮位，从高到低排序，以第 90（100 × 90%=90）高的潮位为设计高水位。

自然海岸区域按与岸线垂直的方向可分为高潮带、低潮带与中潮带（图 11－4）。高潮带标高较高，指只有当高潮时才能被淹没的地方，低潮带指低潮时就能被淹没的区域，中潮带是高潮带与低潮带之间的区域。不同的潮带为沿海生物提供了丰富的生境，例如红树林植物大多生长在中潮带区域，潮水的冲刷能为其带来各种营养物质。但近年来的人工填海工程，大多直接填平了潮间带区域，使沿海地区形成垂直堤岸，破坏了红树林植物的生长，不利于培育丰富生境，所以应在填海造田后采取一定的补偿措施（图 11－5）。

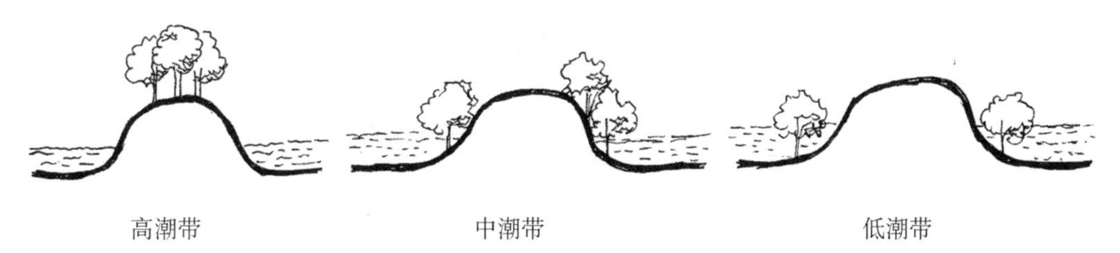

图 11－4　高潮带、中潮带与低潮带

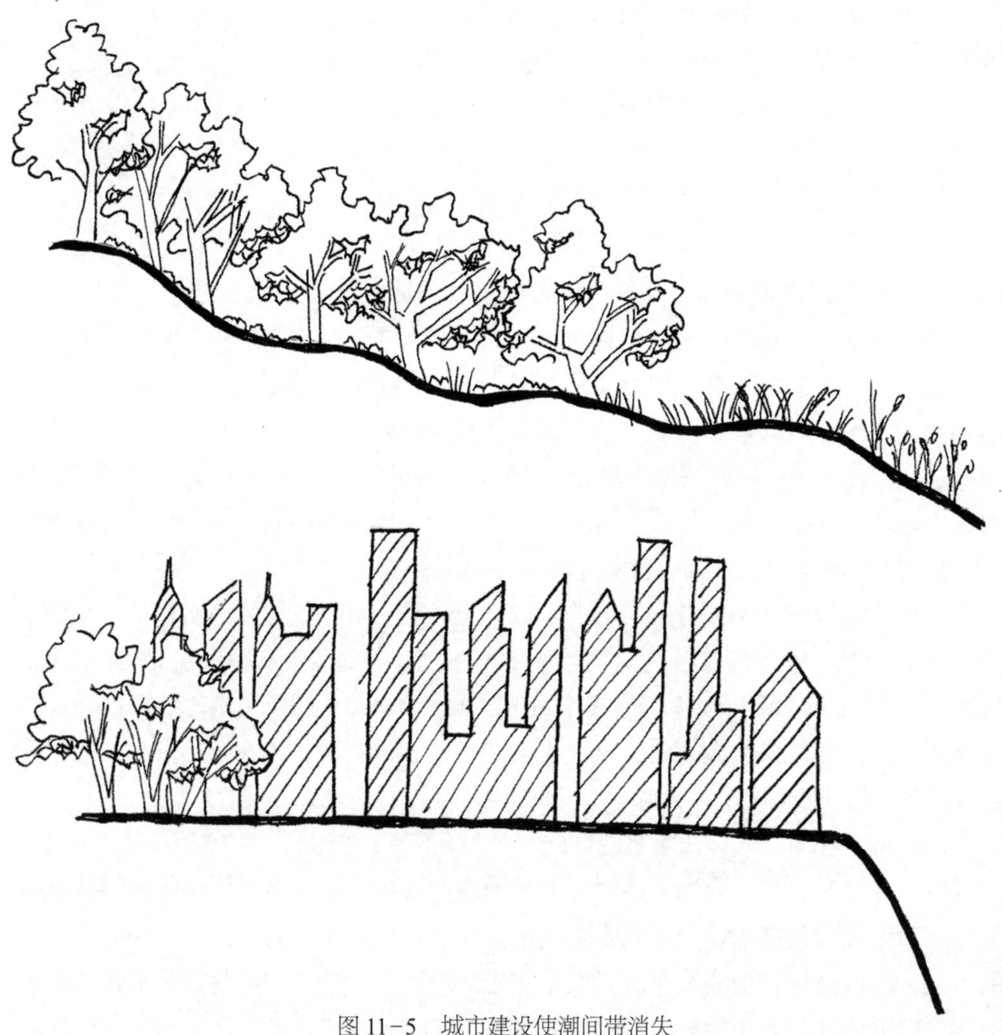

图 11-5　城市建设使潮间带消失

11.4　防洪

洪水多由四种因素引发，包括长时间暴雨、森林与湿地生态系统的破坏、气候异常与潮汐。一般来说，洪水与强降雨的关联度最大，也易引发城市内涝等问题。计算防洪水位时需考虑洪水位、最高潮位与暴雨等多种因素。为调节水位也可修建与河道相连的水量调节池。当水位较高时，可将河水引入调节池，防止洪水发生；当水位较低时，可将调节池内的水引入河道，以增加河道水量（图 11-6）。在景观规划设计中，需要全方位考虑不同时期、不同降水量时的河道景观，保证景观功能与视觉效果。

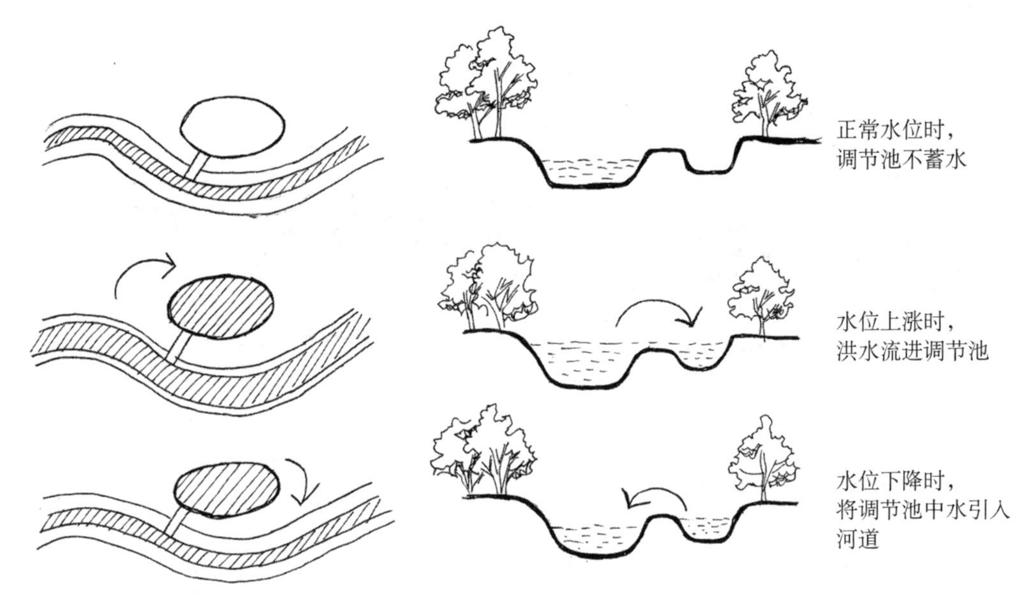

图 11-6　利用蓄水池调节河道水位

11.5　人工湿地

人工湿地主要指种植各种植物的浅水池，水池里的植物与藻类会产生复杂的物理、生物与化学过程，从而达到净化水体的作用[81]。在阳光照射下，水体中的藻类与水生植物进行光合作用，释放氧气。这些氧气被水中的微生物利用，用来分解有机质。分解过程中产生的二氧化碳与有机质可以重新为藻类与水生植物的生长与光合作用提供原料。同时，植物也可部分吸收与沉淀氮、磷等有机质。厌氧塘主要种用于处理含有高浓度有机物的污水，可产生甲烷与二氧化碳。

人工湿地主要有水平流人工湿地、垂直流人工湿地与组合人工湿地三种（图 11-7）。水平流人工湿地的水深较浅，在 10～50 厘米，水的流动方向是水平的，从一侧流到另一侧。垂直流人工湿地水深较深，水流方向既包括水平方向，也包括垂直方向。污水由进水管道注入净水池，通过石块过滤、植物吸收、微生物分解等过程进行净化，再经由排水管道流出。水位保持结构使净水池内的水位维持在一定高度，净水池底部坡度有助于促进水的流动、提高净水效率。组合人工湿地则组合了水平流与垂直流人工湿地，以提升净化效果。人工湿地常用的植物包括茭白、金鱼藻、芦苇、再力花、美人蕉、香根草、鸢尾、风车草、旱草、菖蒲等。这些植物可较好地吸附污染水中的有机质，提升水体中的含氧量。

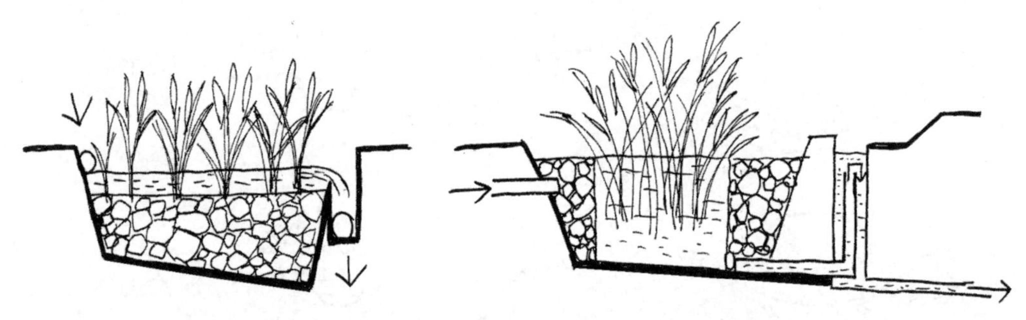

图 11-7　水平流人工湿地（左）与潜流人工湿地（右）

11.6　水敏性城市与雨洪管理

城市水系统主要由三部分组成：饮用水供应系统、废水处理系统与雨水排水系统[82]。水敏性城市的概念最初是由澳大利亚研究者提出的，这一城市建设概念提出城市设计中应充分考虑城市水循环与利用。水敏性城市提倡通过利用雨水与循环用水减少饮用水的需求。减少与循环利用废水，循环利用雨水，保护自然水循环体系。水敏性城市建设有几大原则，包括：①收集利用雨水，而不是使其快速流走。②收集和利用雨水作为替代水源，以节约可饮用水的水源。③利用植被过滤雨水。④利用景观，有效管理雨水。⑤保护与水相关的环境、娱乐和文化价值。⑥根据当地具体情况，充分发挥集水的作用。⑦根据当地具体情况，修建废水处理系统。

雨洪管理的具体措施包括铺设透水铺装、种植水生植物、营建雨水花园、建设雨洪管理体系等。透水铺装材料透水性较好，有些中间还嵌有管道，可以引导雨水快速流入地下，避免聚集在铺装表面。种植水生植物可通过植物过滤泥沙等物质，植物的光合作用也可释放氧气，增加水中的含氧量。雨水花园和雨洪管理体系可起到驻留雨水、调节不同季节地表径流的作用，进一步合理利用雨水。

11.7　生物多样性

生物多样性主要包括遗传多样性、物种多样性、生态系统多样性与景观多样性几个方面[83]。遗传多样性指 DNA 等遗传信息层面的多样性；物种多样性指一定面积生境内生存的物种数量的多样性，可利用物种分布均匀度指标测量；生态系统多样性指热带雨林生态系统、沙漠生态系统等多样性；景观多样性指一定区域内的景观类型与数量等。生物多样性对人类社会的健康与发展有着极其重要的作用。具体说来，生物多样性与气候变化密切相关，可影响全球食品安全及清洁用水，也与病毒与疾病的传播密切相关。为促进全球对生物多样性重要性的认识，1992 年 6 月 5 日，签约国在巴西里约热内卢举行的联合国环境与发展大会上签署了《生物多样性公约》，公约于 1993 年 12 月 29 日正式生效。《生物多样性公约》要求缔约国为保护和持续利用生物多样性制定国家战略、计划或方案；采取适当程序，对生物多样性产生严重不利影响的拟议项目进行环境影响评估，尽量避免与减轻相关不利影响。生物多样性相关研究的五个核心领域包括：①生物多样性的生态系统功能；②生物多样性的起源、维持和丧失；③生物多样性的编目与分类；④生物多样性的监测；⑤生物多样性的保护、恢复和持续利用。景观规划设计领域内的研究与实践主要与后两项相关。

景观规划设计的实践对象是景观空间，也就是生物所栖息的生境。丰富的生境可为生物提供多样的食物与生活环境，进而增加生物种类，在物种层面提升场地的生物多样性。例如，可种植特定鸟类喜爱的植物，或设置生物栅栏、增加水陆交接面等。生物栅栏由木桩或石块组成，内部种植净水植物，净化后的水由木桩或石块的间隙流出。栅栏可为动植物生长提供附着空间，促进生物多样。可将直线形水岸变为曲线形，相同直线长度的河道，曲线形状的岸线比直线形状的岸线更长，与水的接触面积更大，可为各种生物提供更为丰富的生境（图 11-8）。

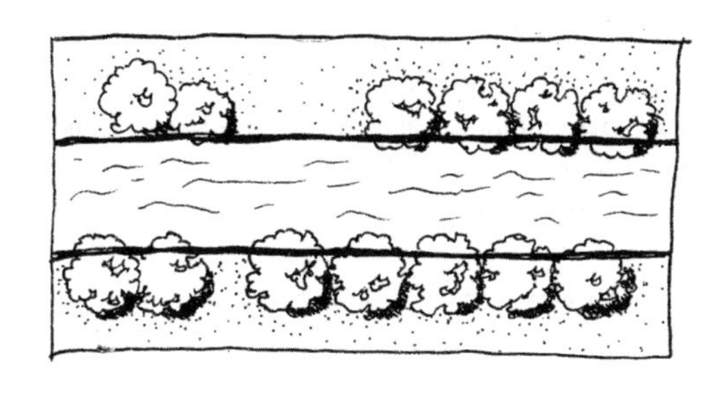
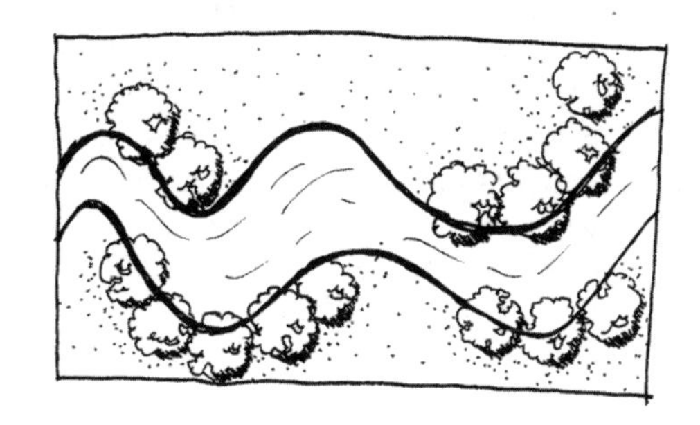

图 11-8　直线形河道（左）比曲线形河道（右）水陆交界面短

参考文献

[1] CRANZ G, BOLAND M. Defining the sustainable park: a fifth model for urban parks [J]. Landscape journal, 2004, 23 (2): 102-120.

[2] ULRICH R S. Natural versus urban scenes: some psychophysiological effects [J]. Environment and behavior, 1981, 13 (5): 523-556.

[3] DANIEL T C, VINING J. Methodological issues in the assessment of landscape [M] //ALTMAN I, WOHLWILL J F. Human behavior and environment. New York: Plenum Press, 1983: 39-80.

[4] KAPLAN R, KAPLAN S. The experience of nature: a psychological perspective [M]. Cambridge, New York: Cambridge University Press, 1989.

[5] BABBIE E. Observing ourselves: essays in social research [M]. Long Grove, Illinois: Waveland Press, 2015.

[6] PATTON M Q. Qualitative evaluation and research methods [M]. Newbury Park: Sage Publications, 1990.

[7] CROTTY M. The foundations of social research: meaning and perspective in the research process [M]. London: Sage Publications, 1998.

[8] GROAT L N, WANG D. Architectural research methods [M]. New York: J. Wiley, 2002.

[9] LANG J. The nature and utility of theory [M]. New York: Van Nostrand Reinhold, 2002.

[10] CROTTY M. The foundations of social research: meaning and perspective in the research process [M]. London: Sage Publications, 1998.

[11] MARTIN P R, CHEUNG F M, KNOWLES M C, et al. IAAP handbook of applied psychology [M]. Edinburgh: John Wiley & Sons, 2011.

[12] STONE N J, ENGLISH A J. Task type, posters, and workspace color on mood, satisfaction, and performance [J]. Journal of environmental psychology, 1998, 18 (2): 175-185.

[13] SOLDAT A S, SINCLAIR R C, MARK M M. Color as an environmental processing cue: external affective cues can [J]. Social Cognition, 2011, 15 (1): 55-71.

[14] WHITE E V, GATERSLEBEN B. Greenery on residential buildings: does it affect preferences and perceptions of beauty? [J]. Journal of environmental psychology, 2011, 31 (1): 89-98.

[15] KAPLAN S. The restorative benefits of nature: toward an integrative framework [J]. Journal of environmental psychology, 1995, 15 (3): 169-182.

[16] WILKIE S, CLOUSTON L. Environment preference and environment type congruence: effects on perceived restoration potential and restoration outcomes [J]. Urban Forestry & Urban Greening, 2015, 14 (2): 368-376.

[17] ERIKSSON L, NORDLUND A. How is setting preference related to intention to engage in forest recreation activities? [J]. Urban Forestry & Urban Greening, 2013, 12 (4): 481-489.

[18] KAPLAN R. Some methods and strategies in the prediction of preference [M] //ZUBE E H, BRUSH R O, FABOS J G. Landscape assessment: values, perceptions and resources. Stroudsburg, Pa: Dowden

Hutchinson & Ross, 1975: 118.
[19] ULRICH R. View through a window may influence recovery [J]. Science, 1984, 224 (4647): 224−225.
[20] NORDH H, HARTIG T, HAGERHALL C M, et al. Components of small urban parks that predict the possibility for restoration [J]. Urban Forestry & Urban Greening, 2009, 8 (4): 225−235.
[21] LI D, SULLIVAN W C. Impact of views to school landscapes on recovery from stress and mental fatigue [J]. Landscape and urban planning, 2016, 148: 149−158.
[22] STAMPS A E. Effects of area, height, elongation, and color on perceived spaciousness [J]. Environment and behavior, 2011, 43 (2): 252−273.
[23] STAMPS A E. Effects of multiple boundaries on perceived spaciousness and enclosure [J]. Environment and behavior, 2013, 45 (7): 851−875.
[24] STAMPS A E. Effects of permeability on perceived enclosure and spaciousness [J]. Environment and behavior, 2010, 42 (6): 864−886.
[25] GIBSON J J. The ecological approach to visual perception [M]. Boston: Houghton Mifflin, 1979.
[26] BRONFENBRENNER U. Reality and research in the ecology of human development [J]. Proceedings of the American philosophical society, 1975, 119 (6): 439−469.
[27] MOOS R H. The human context: environmental determinants of behavior [M]. New York: Wiley, 1976.
[28] BANDURA A. Social foundations of thought and action: a social cognitive theory [M]. Englewood Cliffs, NJ: Prentice Hall, 1986.
[29] PLASS J L, HEIDIG S, HAYWARD E O, et al. Emotional design in multimedia learning: effects of shape and color on affect and learning [J]. Learning & Instruction, 2014, 29 (29): 128−140.
[30] BAR M, NETA M. Humans prefer curved visual objects [J]. Psychological science, 2010, 17 (8): 645−648.
[31] PALMER S E, SCHLOSS K B, SAMMARTINO J. Visual aesthetics and human preference [J]. Annu rev psychol, 2013, 64 (1): 77−107.
[32] REBER R, SCHWARZ N, WINKIELMAN P. Processing fluency and aesthetic pleasure: is beauty in the perceiver's processing experience? [J]. Personality and social psychology review, 2004, 8 (4): 364−382.
[33] ZAJONC R B. The attitudinal effects of mere exposure [J]. Journal of personality & social psychology monograph supplements pt, 1968, 9 (2): 1−27.
[34] 彭一刚 . 建筑空间组合论 [M]. 北京：中国建筑工业出版社，1998.
[35] THWAITES K. Experiential landscape place: an exploration of space and experience in neighbourhood landscape architecture [J]. Landscape research, 2001, 26 (3): 245−255.
[36] LYNCH K. The image of the city [M]. Cambridge, Mass: The MIT Press, 1960.
[37] OSTWALD M J. The mathematics of spatial configuration: revisiting, revising and critiquing justified plan graph theory [J]. Nexus network journal, 2011, 13 (2): 445−470.
[38] HILLIER B, HANSON J. The social logic of space [M]. Cambridge, New York: Cambridge University Press, 1984.
[39] HILLIER B. Space is the machine: a configurational theory of architecture [M]. Cambridge: Cambridge University Press, 1996.
[40] BENEDIKT M L. To take hold of space — isovists and isovist fields [J]. Environment and planning b: planning and design, 1979, 6 (1): 47−65.
[41] BAFNA S. Space syntax: a brief introduction to its logic and analytical techniques [J]. Environment and behavior, 2003, 35 (1): 17−29.
[42] RATTI C. Urban texture and space syntax: some inconsistencies [J]. Environment and planning b: planning and design, 2004, 31 (4): 487−499.
[43] WINEMAN J D, PEPONIS J. Constructing spatial meaning: spatial affordances in museum design [J].

Environment and behavior, 2009, 42 (1): 86-109.

[44] JIANG B, CLARAMUNT C. Integration of space syntax into gis: new perspectives for urban morphology [J]. Transactions in GIS, 2002, 6 (3): 295-309.

[45] BARAN K P, RODRÍGUEZ D A, KHATTAK A J. Space syntax and walking in a new urbanist and suburban neighbourhoods [J]. Journal of urban design, 2008, 13 (1): 5-28.

[46] HILLIER B, PENN A, HANSON J, et al. Natural movement — or, configuration and attraction in urban pedestrian movement [J]. Environment and planning b: planning and design, 1993, 20 (1): 29-66.

[47] DURSUN P. Space syntax in architectural design; proceedings of the 6th International Space Syntax Symposium, F, 2007 [C]. Istanbul, Turkey, 2007.

[48] DAWES M J, OSTWALD M J. Prospect-refuge theory and the textile-block houses of frank lloyd wright: an analysis of spatio-visual characteristics using isovists [J]. Building and environment, 2014, 80: 228-240.

[49] WINEMAN J D, PEPONIS J. Constructing spatial meaning: spatial affordances in museum design [J]. Environment and behavior, 2010, 42 (1): 86-109.

[50] 许尊，王德．商业空间消费者行为与规划——以上海新天地为例 [J]. 规划师，2012，28（1）：23-28.

[51] STRUMSE E. Environmental attributes and the prediction of visual preferences for agrarian landscapes in western norway [J]. Journal of environmental psychology, 1994, 14 (4): 293-303.

[52] ROGGE E, NEVENS F, GULINCK H. Perception of rural landscapes in flanders: looking beyond aesthetics [J]. Landscape and urban planning, 2007, 82 (4): 159-174.

[53] HAN K T. An exploration of relationships among the responses to natural scenes: scenic beauty, preference, and restoration [J]. Environment and behavior, 2009, 42 (2): 243-270.

[54] STIGSDOTTER U K, CORAZON S S, SIDENIUS U, et al. Forest design for mental health promotion — using perceived sensory dimensions to elicit restorative responses [J]. Landscape and urban planning, 2017, 160: 1-15.

[55] WEITKAMP G. Mapping landscape openness with isovists [J]. Research in urbanism series, 2011, 2 (1): 205-223.

[56] LEE K, SEO J I, KIM K N, et al. Application of viewshed and spatial aesthetic analyses to forest practices for mountain scenery improvement in the republic of korea [J]. Sustainability, 2019, 11: 2687.

[57] STAMPS A E, SMITH S. Environmental enclosure in urban settings [J]. Environment and behavior, 2002, 34 (6): 781-794.

[58] EWING R, HANDY L S, BROWNSON C R, et al. Identifying and measuring urban design qualities related to walkability [J]. Journal of physical activity and health, 2006, Suppl 1 (Journal Article): S223-S240.

[59] STAMPS A E. Isovists, enclosure, and permeability theory [J]. Environment and planning b-planning and design, 2005, 32 (5): 735-762.

[60] ALKHRESHEH M M. Enclosure as a function of height-to-width ratio and scale: its influence on user's sense of comfort and safety in urban street space [D]. Gainesville, FL: University of Florida (Gainesville), 2007.

[61] 翟宇佳．基于浸入式虚拟环境技术的景观空间尺度感教学模块构建与应用 [J]. 中国园林，2018，34（4）：68-73.

[62] SHEPPARD S R J. Landscape and planning | visual analysis of forest landscapes [M] //JEFFERY B. Encyclopedia of forest sciences. Oxford, Elsevier. 2004: 440-450.

[63] ARTHUR L M, DANIEL T C, BOSTER R S. Scenic assessment: an overview [J]. Landscape planning, 1977, 4: 109-129.

[64] STRUMSE E. Demographic differences in the visual preferences for agrarian landscapes in western norway [J]. Journal of environmental psychology, 1996, 16 (1): 17−31.
[65] ULRICH R S. Human responses to vegetation and landscapes [J]. Landscape and urban planning, 1986, 13: 29−44.
[66] SHI S, GOU Z, CHEN L H C. How does enclosure influence environmental preferences? A cognitive study on urban public open spaces in Hong Kong [J]. Sustainable cities and society, 2014, 13: 148−156.
[67] Management USBOL. Visual resource management program [M]. Washington, DC: Bureau of Land Management, 1980.
[68] CHING HUA H, SASIDHARAN V, ELMENDORF W, et al. Gender and ethnic variations in urban park preferences, visitation, and perceived benefits [J]. Journal of leisure research, 2005, 37 (3): 281−306.
[69] ARRIAZA M, CAÑAS-ORTEGA J F, CAÑAS-MADUEÑO J A, et al. Assessing the visual quality of rural landscapes [J]. Landscape and urban planning, 2004, 69 (1): 115−125.
[70] SVOBODOVA K, SKLENICKA P, MOLNAROVA K, et al. Visual preferences for physical attributes of mining and post-mining landscapes with respect to the sociodemographic characteristics of respondents [J]. Ecological engineering, 2012, 43: 34−44.
[71] KALIVODA O, VOJAR J, SKRIVANOVA Z, et al. Consensus in landscape preference judgments: the effects of landscape visual aesthetic quality and respondents' characteristics [J]. Joural of environmental management, 2014, 137: 36−44.
[72] BJERKE T, ØSTDAHL T, THRANE C, et al. Vegetation density of urban parks and perceived appropriateness for recreation [J]. Urban Forestry & Urban Greening, 2006, 5 (1): 35−44.
[73] MISGAV A. Visual preference of the public for vegetation groups in israel [J]. Landscape and urban planning, 2000, 48 (3): 143−159.
[74] BAUR J W R, TYNON J F, GOMEZ E. Attitudes about urban nature parks: a case study of users and nonusers in portland, oregon [J]. Landscape and urban planning, 2013, 117: 100−111.
[75] HANDS D E, BROWN R D. Enhancing visual preference of ecological rehabilitation sites [J]. Landscape and urban planning, 2002, 58 (1): 57−70.
[76] LOVELL S T, JOHNSTON D M. Creating multifunctional landscapes: how can the field of ecology inform the design of the landscape? [J]. Frontiers in ecology and the environment, 2009, 7 (4): 212−220.
[77] HESS G R, FISCHER R A. Communicating clearly about conservation corridors [J]. Landscape and urban planning, 2001, 55 (3): 195−208.
[78] GROUP FISRW. Stream corridor restoration: principles, processes, and practices [M]. National technical Info Svc, 1998.
[79] 王为东，尹澄清，卢金伟，等 . 潜水丁坝在湖滨带生态恢复中的应用 [J]. 环境工程学报，2007，(2)：135−138.
[80] 吴俊彦，肖京国，成俊，等 . 中国沿海潮汐类型分布特点：中国测绘学会九届四次理事会暨 2008 年学术年会论文集 [C]. 桂林，2008.
[81] POLPRASERT C, KITTIPONGVISES S. Constructed wetlands and waste stabilization ponds [M] // P WILDERER. Treatise on water science (volume 91). Elsevier, UK: Elsevier Science, 2010: 277−299.
[82] WONG T H F. Australian runoff quality: a guide to water sensitive urban design [M]. [S.L.] : Engineers Australia, 2006.
[83] 马克平，钱迎倩 . 生物多样性保护及其研究进展 [综述] [J]. 应用与环境生物学报，1998 (1)：96−100.

后记

2024 年本书出版时，距离我本科入学有二十年整，距离我博士毕业、开始工作有十年整。这期间，我和许多学生、同仁与前辈有过深入交流，也经历了学科的繁荣与动荡。面对复杂的学术与工作环境、模糊不清的评价标准、人工智能等新技术的飞速发展，传统的规划设计学科怎样更好地发展？这可能是每位教师与从业人员都要面对的问题。

一、我深信任何一个学科都需要系统梳理知识体系，经过深入讨论，形成统一的知识框架。在这一框架下，开展高质量研究，产生新的知识，形成业界标准，推动学科发展。而模式的梳理与定量方法的引入是知识框架建立的重要基础。

二、我深信健康的学术秩序与团结的学术共同体是学科得以发展的重要基石。学科需要在理性的框架内，深入讨论重要概念，识别关键领域，建立科学方法，推动研究的开展。需要开展定期交流，互助友爱，共同进步。

三、我深信优秀的理论与研究可以启迪我们的思维，带来思想层面的升华，进而推动实践层面的变革。因此，我们需要在思想与实践层面进一步思考研究工作的意义，找寻真正关键的研究问题，弥补研究与实践之间的鸿沟。

以上三点也将是我未来学术生涯努力的方向。完成本书的最后编辑之时，正值上海的初夏，气候宜人，学校正密集地举办着硕士论文答辩会。走在同济校园中，四处郁郁葱葱，洋溢着年轻的笑脸。图书馆依然肃穆，学苑食堂依然美味，自己毕业之时恍如昨日，而今作为导师，刚刚送走两位硕士研究生。回想工作十年以来的种种，希望自己可以乐观与坚持，珍惜时光，在未来有更好的学术与实践产出。